Die Welt in hundert Jahren –
Wie Kinder die Zukunft sehen
Herausgegeben von Johannes Munker

D1726575

DIE WELT IN HUNDERT JAHREN

Wie Kinder die Zukunft sehen

Ein Bilderbuch für Erwachsene
Herausgegeben von Johannes Munker
Mit einem Beitrag von Horst-Eberhard Richter

Richard Fuchs Verlag

Für ihre Unterstützung dankt der Herausgeber den Kindern und den Eltern, die Bilder und Texte für dieses Buch zur Verfügung stellten. Der Dank gilt ebenso Barbara Gladysch sowie Ursel und Richard Fuchs für ihren aktiven Einsatz und nicht zuletzt Horst-Eberhard Richter für seinen Beitrag zu diesem Buch.

Die Porträtfotos der Kinder stammen größtenteils aus der Entstehungszeit der Zeichnungen; eine kleinere Anzahl wurde erst 1985 aufgenommen.

1. Auflage 1985
© Richard Fuchs Verlag
Kaiser-Wilhelm-Ring 19
4000 Düsseldorf 11
Telex: 8 586 270
Telefon: (02 11) 57 60 57

Umschlag-Zeichnungen:
Andreas Mayer
Julia Ohrmann
Buchgestaltung: Richard Fuchs
Satz: Typo Fröhlich, Düsseldorf
Lithos: Kirschbaum Laserscan GmbH, Düsseldorf
Druck: Kölnische Verlagsdruckerei GmbH
Köln, Rundschau-Haus
Printed in Germany

ISBN 3-925282-00-9

Inhalt

Meiner Mutter gewidmet

WIE DIESES BUCH ENTSTAND UND WAS ES WILL

von JOHANNES MUNKER

Johannes Munker, geb. 1939 in Isny im Allgäu, Studium der Rechte, der Germanistik, Kunst und Kunstwissenschaft in München, Nürnberg und Düsseldorf, ist Kunsterzieher am Max-Planck-Gymnasium in Düsseldorf.

Wenn Kinder klüger sind als Lehrer

Es war im Herbst 1981. Zwölfjährige Mädchen und Jungen einer 6. Klasse am Max-Planck-Gymnasium in Düsseldorf suchten mit ihrem Kunstlehrer ein Thema für ihre nächste Arbeit, die eine Bleistiftzeichnung sein sollte.

Mitten in der Diskussion kam von einer ganzen Tischgruppe der Vorschlag, ein Zukunftsbild zu zeichnen, ein Bild der Welt in hundert Jahren, so, wie sie, die Mädchen und Jungen, sich dann das Leben vorstellen würden – das könnte Spaß machen, darauf hätten sie Lust!

Den übrigen gefiel der Gedanke, und da mir, dem Lehrer, nichts Besseres einfiel, stimmte auch ich zu. Ich war sogar erstaunt über den guten Einfall und auch sehr neugierig, welches Bild der Zukunft die Zwölfjährigen entwerfen würden. Aus diesem Grund nahm ich bewußt keinen Einfluß auf die Bildinhalte, verwies die Kinder ganz auf ihre eigene Vorstellung und beschränkte im übrigen meine Hilfe auf Unterweisungen in der Technik und in den Ausdrucksmitteln des Bleistiftzeichnens.

Die Mädchen und Jungen brauchten auch gar keine Beflügelung ihrer Phantasie; sie hatten ihre Vision sehr schnell gefunden und zeichneten mit erstaunlichem Eifer. Mein Erstaunen verlagerte sich mit dem Fortgang der Arbeit allerdings immer mehr auf die Inhalte der Bilder, die von Woche zu Woche deutlicher wurden – fast ausnahmslos zeigten sich da Schreckensvisionen einer apokalyptischen, in Krieg, Naturzerstörung und chaotischer Technisierung untergehenden Welt.

Da nicht sein kann, was nicht sein darf . . .

Als diese Arbeiten in der Schule ausgestellt wurden, reagierten Eltern und Lehrer betroffen und ungläubig. Manche Eltern mochten nicht wahrhaben, daß ihre eigenen Kinder, die doch meist aus wohlbehüteten Familien mit Häusern im Grünen stammten, ohne Manipulation durch den Lehrer ein solches Bild der Zukunft entworfen hatten. Es gab heftige Diskussionen; ich wurde der Indoktrination, der Verantwortungslosigkeit und des Mißbrauchs von Kindern verdächtigt; es wurden Vermutungen angestellt, die Massenmedien seien die Urheber dieses Übels, und schließlich gipfelte die Auseinandersetzung in der Forderung, die Kinder sollten sofort Blumenwiesen und grüne Wälder malen, um die „irregeleiteten" und „verwirrten" Seelen durch die Bilder einer heilen Welt wieder ins Gleichgewicht zu bringen.

Einen Garten gegen den Tod

Solche Reaktionen waren mir Anlaß, das Thema in fünf weiteren Klassen von Elf- bis Dreizehnjährigen zeichnen zu lassen, allerdings mit einem Zusatz, der einer Sinnklärung der Bilder dienen sollte: Die Kinder bekamen nun die doppelte Aufgabe, nicht nur die tatsächlich von ihnen erwartete Zukunft zu entwerfen, sondern auch das Bild einer Wunschwelt, die ihren eigenen Bedürfnissen entspräche. Als weitere Klärung und Sicherung der Bildaussage sollten zu jeder Arbeit kurze, erläuternde Kommentare geschrieben werden.

Die neuen Arbeiten verdichteten noch die Aussage der ersten Bilder: Mit wenigen Ausnahmen konnten sich auch diese Kinder die Zukunft nur als tödliche Katastrophe einer von Aufrüstung, atomarem Krieg, monströser Technik und hoffnungsloser Naturzerstörung zugrunde gerichteten Zivilisation vorstellen – und ebenso einmütig zeigten die Wunschbilder eine friedliche Welt fast ohne Technik, in der Tiere, Pflanzen und eine unbeschädigte Natur die Hauptrolle spielen – Imaginationen des wiedergefundenen Paradieses.

Die Kommentare der Kinder zu ihren eigenen Bildern, die auch in diesem Buch wiedergegeben sind, sowie eingehende Diskussionen der fertigen Arbeiten schlossen jeden Zweifel darüber aus, wie die Mädchen und Jungen selbst ihre Bilder verstanden.

Heilsamer Schrecken und Wahrheit im Spiegel

Dennoch darf man sich die wochenlange Arbeit an den über 200, im Original ungefähr 42 × 56 cm großen Blättern nicht etwa als trostlose Plackerei unter Seufzern und Tränen vorstellen – ganz im Gegenteil: Im Zeichensaal herrschte meist eine muntere, fast ausgelassene Stimmung mit eifrigen und witzigen Diskussionen über die entstehenden Bilder; nicht Niedergeschlagenheit, Verwirrung und Trübsinn waren Begleitergebnis dieser Arbeit, sondern eher sachlich-distanzierte Unbefangenheit und erstaunliche Kompetenz in der Rechtfertigung der Bildinhalte.

Dieser zunächst erstaunlich scheinende Widerspruch zwischen der eher heiteren Gelassenheit oder dem begeisterten Eifer während der Arbeit und dem grausamen Inhalt der Bilder ist vermutlich vergleichbar mit der rezeptiven psychischen Situation beim Anhören von Volksmärchen oder antiken Mythen und wohl folgendermaßen erklärbar: Die Darstellung des Schrecklichen bedeutet für den kindlichen wie für den erwachsenen Zeichner in der Regel nicht Entmutigung oder Brutalisierung, sondern psychische Entlastung, Bann des Schreckens, Verarbeitung der Angst. Die Befürchtungen mancher kritischer Betrachter dieser Bilder, die Kinder müßten angesichts der eigenen Zukunftsvisionen in Depression versinken oder gewalttätig werden, sind insofern ganz unbegründet. Andererseits sind aber die Ernsthaftigkeit und die tiefe Überzeugungskraft dieser Zeichnungen nicht aufgehoben durch die gelassene Haltung ihrer Urheber. Diese Bilder sind erschütternde Botschaften, gerade weil sie nicht bewußt und nicht in bestimmter Absicht an bestimmte Adressaten gerichtet waren. Dennoch sind es Bilder für Erwachsene, für Eltern vor allem, und es sind nicht etwa Bilder über die Welt in hundert Jahren, sondern verdichtete Anschauungen der Welt, in der wir heute schon leben, so ungeschminkt und so wenig von Verdrängung entstellt, wie wohl nur Kinder das vermögen und verkraften. Diese Bilder sind ein Spiegel, in dem wir unser eigenes Bild erblicken als das Bild einer Welt, die unser Werk ist. Das Spiegelbild von Kinderhand ist erschreckend klar, aber überraschen kann es in seiner Hellsichtigkeit nur den, der Kinder in der unerhört präzisen Wahrnehmung ihrer Umwelt unterschätzt.

Im vorliegenden Fall mischen sich sehr komplexe Einflüsse aus mitgehörten Gesprächen, aus Diskussionen zu Hause, in der Schule oder mit Freunden, Einflüsse auch aus Büchern, Zeitungen und Zeitschriften, aus Comic, Film, Fernsehen, Videofilm und Computerspiel, es mischen sich direkte Alltagserfahrungen und Faszination durch die Technik mit der Lust am Phantastischen, am Abenteuer, an Witz, Ironie und Satire zu einer Wirklichkeitsverarbeitung, die für die Kinder psychische Entlastung,

für uns Erwachsene aber stürzende Anklage einer heranwachsenden Generation bedeutet, die bereits im Kindesalter den Untergang vor Augen sieht.

Ein Bild in der Schublade ist stumm

So verstanden, durften diese Bilder nicht im Verborgenen bleiben, sie mußten die Schule verlassen, um möglichst viele Menschen zu erreichen. Es geschieht ja viel zu selten, daß die Weltsicht der Kinder ein Podium vor Erwachsenen findet und noch seltener, daß sie ernstgenommen wird.

Kein Wunder also, daß es auch in der Kunststadt Düsseldorf kaum möglich war, einen Ausstellungsraum für diese erstaunlichen Dokumente zu finden. Ironie und Symbol zugleich – das vom baldigen Abbruch bedrohte und also für den ordentlichen Ausstellungsbetrieb nicht mehr verfügbare Malhaus des Kunstmuseums in Düsseldorf bot schließlich im Frühjahr 1982 Platz für etwa 50 der eindrucksvollsten von über 200 bis dahin entstandenen Zeichnungen.

Zur Eröffnung waren viele der Mädchen und Jungen, deren Bilder ausgestellt waren, anwesend und verblüfften die hartnäckig nachfragenden Journalisten durch ihre selbstbewußte und unmißverständliche Auslegung ihrer Bilder. Diese Ausstellung erregte erneut tiefe Betroffenheit und ablehnende Skepsis, aber auch unmittelbares Mitgefühl und entschiedene Zustimmung. In der Mitte dieses Buches, dessen Bilder identisch sind mit denen der Austellung, sind charakteristische Äußerungen aus Fragebogen abgedruckt, die für die Besucher ausgelegt waren. Die immer wieder angezweifelte Glaubwürdigkeit der Bildaussagen wird nichtsdestotrotz klar untermauert durch die Ergebnisse ähnlicher Projekte, wie sie anschließend im Beitrag von Horst-Eberhard Richter angeführt sind – Richters Text und der Plan für dieses Buch sind übrigens völlig unabhängig voneinander entstanden, obschon sie sich lückenlos zu decken scheinen.

Wiederholt regten Ausstellungsbesucher an, diese Bilder einem größeren Betrachterkreis bekanntzu-

machen, besonders solchen Menschen, die Verantwortung und politische Entscheidungsmacht in unserer Gesellschaft tragen. Aber trotz der anhaltenden Unterstützung mancher Eltern – von Müttern vor allem – dauerte es lange, bis ein engagierter Verleger das Risiko auf sich nahm, ein so schonungslos desillusionierendes Buch an die Öffentlichkeit zu bringen – an dieser Stelle sei allen gedankt, die hierbei mitgeholfen haben.

Auch der längste Weg beginnt mit dem ersten Schritt

Die Aufhebung von Illusionen über den Zustand unserer Welt und über die Wahrnehmung dieser Welt durch unsere Kinder – das ist *ein* Ziel dieses Buches; der klare Blick auf die Lage der Dinge ist die erste Voraussetzung für ihre mögliche Änderung. Wenn aber der Anblick nicht versteinern und in Entmutigung und Rückzug enden soll, müssen weitere Schritte folgen. Das wäre das *zweite* Ziel dieser deutlichen Bilder – daß wir uns anrühren lassen und uns endlich zum Handeln und also zum Widerstand gegen den gezeigten Lauf der Dinge entschließen, sofern unsere Kinder und alle Kinder dieser Welt eine Zukunft überhaupt noch haben sollen.

Was können wir tun?

Zunächst vielleicht nur kleine Dinge. In dieser Wende-Zeit aber, in der die Besorgten, die Warner immer mehr als Miesmacher gebrandmarkt werden, damit die Zyniker der Macht unbeirrt und wie zum Hohn für alle Bemühungen um den Frieden den „Krieg der Sterne" vorbereiten können, in dieser Zeit dürfen wir nicht mehr schweigen – wir sollten reden, schreiben, Einfluß nehmen, Gespräche anregen, Fragen stellen und keine Ruhe mehr geben. Dieses Buch hätte seinen Zweck schon erfüllt, wenn es wenigstens Anlaß wäre für ein erstes Gespräch mit Freunden, mit Nachbarn, mit Gleichgültigen oder Ahnungslosen, bevor es für uns alle zu spät ist zum Reden und zum Handeln.

von HORST-EBERHARD RICHTER

Prof. Dr. med. Dr. phil. Horst-Eberhard Richter wurde 1923 in Berlin geboren; nach Studium in Medizin, Philosophie und Psychologie Ausbildung zum Psychiater und Psychoanalytiker in Berlin; 1955 bis 1962 Tätigkeit an der Psychiatrischen und Neurologischen Klinik der Freien Universität Berlin; 1952 bis 1962 leitender Arzt der „Beratungs- und Forschungsstelle für seelische Störungen im Kindesalter" am Kinderkrankenhaus Berlin-Wedding; 1959 bis 1962 Leiter des Berliner Psychoanalytischen Instituts; seit 1962 Direktor der Psychosomatischen Universitätsklinik, des heutigen Zentrums für Psychosomatische Medizin am Klinikum der Justus-Liebig-Universität Gießen.

*A*ls ich nach 10jähriger Erfahrung in einer Beratungs- und Forschungsstelle für seelische Störungen im Kindes- und Jugendalter das Buch „Eltern, Kind und Neurose" schrieb, lautete die wichtigste Erfahrung, die ich vermitteln wollte: Kinder reagieren viel stärker darauf, wie ihre Eltern *sind*, als darauf, was die Eltern ihnen *sagen*. Kinder spüren im allgemeinen ganz genau, was selbst im Unbewußten ihrer Eltern vor sich geht. Ihnen bleibt nicht verborgen, was die Eltern an Ängsten, an Selbstzweifeln, an Verbitterung verdrängen. Entscheidend für die Kinder ist also, was die Eltern ihnen glaubhaft *vorleben*. Kinder brechen nicht zusammen, wenn Eltern ihnen eigene Konflikte, Schwächen und Sorgen offen eingestehen. Eltern, die hingegen ihr Elend verstecken, dafür von den Kindern verlangen, daß diese sie durch Demonstration unbekümmerten Lebensmutes von den eigenen Sorgen erlösen, bürden diesen eine kaum erträgliche Last auf und machen wahrscheinlich, daß die Kinder ähnlich scheitern werden, wie sie selbst in Wirklichkeit gescheitert sind.

*W*enn man einen solchen Zusammenhang jahrelang erforscht und wenn man erprobt hat, daß man Eltern diesen in psychotherapeutischer Arbeit plausibel zu machen vermag, dann kann man sich einreden: Das müsse man nur mit genügendem Nachdruck bekannt machen, dann werde sich eine solche Erkenntnis ausbreiten und weiterhin die pädagogische Einstellung beeinflussen. Aber das ist eine naive Annahme. Es gilt zwar für naturwissenschaftliche Entdeckungen, daß man diese, wenn irgend möglich, sofort in der technologischen Entwicklung anwendet. Psychologische Erkenntnisse hingegen werden nur dann zeitweilig wirksam, wenn sie keineswegs mit dem Bilde kollidieren, das die Mehrheit gerade von sich aufrechtzuerhalten wünscht. Das entspricht einer gut studierten psychoanalytischen Regel: Eine analytische Deutung mag richtig sein. Sie wird niemals akzeptiert, wenn sie nicht auf eine entsprechende emotionale Bereitschaft stößt. Zu dieser Bereitschaft gehört eine gewisse Lockerheit und Offenheit derer, die man erreichen will. Umgekehrt ist die Neigung zur Abwehr des Gehörten um so größer, je mehr sich die Empfänger unter Spannung befinden.

*I*m Hinblick auf das angesprochene Eltern-Kind-Verhältnis beobachten wir Psychotherapeuten: Je mehr Eltern unter innerem Druck stehen, um so mehr glauben sie, ihren Kindern die ihnen selbst richtig scheinende Denk- und Lebensweise vorschreiben zu müssen. Wenn die Kinder ihnen statt dessen durch Verhaltensschwierigkeiten ihre eigene Bedrängnis zurückspiegeln, so meinen sie, sie müßten die Kinder nur noch energischer disziplinieren, um sie auf den richtigen Weg zu bringen.

*V*ieles spricht dafür, daß genau diese Reaktionsweise momentan vorherrscht. Pessimistische Zukunftsvorstellungen haben eine weit verbreitete bedrückte Stimmung erzeugt, die einen großen Verdrängungsaufwand mobilisiert hat. Die erwachsene Bevölkerungsmehrheit will momentan nichts mehr hören von steigender Umweltzerstörung, von Raketen und Atomkriegsgefahr. Sie verlangt von den Medien, durch eher unterhaltsame und erbauliche Stoffe beschwichtigt zu werden. Und sie ist der politischen Kassandra-Rufer überdrüssig, welche das mühsam Verdrängte wieder schonungslos ans Licht zerren. Wehe dem, der die mühsam errungene und höchst brüchige oberflächliche Zuversicht stört!

*U*nd wehe dem, der die Kinder etwas anderes lehrt als den Glauben, daß die Welt im Grunde in Ordnung sei und weiter gut funktionieren werde, wenn alle nur weiter brav mitmachen würden! Wehe den kritischen Eltern und Lehrer, die den Kindern unnötige Zweifel und Bedenken in den Kopf setzen!

*A*ber es sollte uns nachdenklich machen, daß Kinder und Jugendliche bereits seit Ende der 70er Jahre, also vor der Veröffentlichung von Global 2000 und vor dem Aufflammen der Friedensbewegung, in steigendem Maße pessimistische Zukunftsvisionen entwickelt haben. Als die Veranstalter des Jugend-Schreibwettbewerbes „Unsere Zukunft" die eingesandten Beiträge im Jahre 1979 durchsahen, waren sie entsetzt über die Düsterheit der beschriebenen Szenarien. Sie sahen sich genötigt, Beiträge auszuzeichnen, die einen computerisierten Überwachungsstaat oder einen atomaren Holocaust darstellten. Und es erschreckte sie, bereits bei 12-, 13jährigen ein Überwiegen unheilvoller Zukunftserwartungen zu ermitteln. Diese Tendenz hat sich fortgesetzt. In der zwei Jahre später erstellten Shell-Studie „Jugend 81" finden sich u. a. folgende als repräsentativ zu bewertende Angaben 15- bis 17jähriger. Als bestimmt oder wahrscheinlich sehen voraus:

54% daß die Zukunft eher düster aussehen wird;
71% daß Technik und Chemie die Umwelt zerstören werden;
77% daß die Rohstoffe immer knapper und daß Wirtschaftskrisen und Hungersnöte ausbrechen werden;
50% daß die Menschen durch Computer total kontrolliert werden;
57% daß die Menschen sich immer mehr isolieren und nur noch an sich selbst denken werden;
50% daß die Welt in einem Atomkrieg untergehen wird und immerhin noch 32%, also fast ein Drittel, glauben, daß die Menschen auf andere Planeten auswandern müssen.

*Ä*hnlich beunruhigende Ergebnisse haben Studien an amerikanischen und finnischen Kindern und Jugendlichen erbracht. Von 950 befragten Schülern einer Highschool in Newton Massachusetts glaubten 34%, daß ein Atomkrieg noch während ihres Lebens stattfinden werde; 52% erklärten sich als unsicher. 1982 veranstalteten LISA GOODMAN und JOHN E. MACK gründliche Interviews mit 31 Jugendlichen zwischen 14 und 19 Jahren aus dem Bereich Boston. Ihnen ging es darum, über die üblichen oberflächlichen Fragebogenresultate hinaus einen tieferen Einblick in die Phantasien und Erwartungen der Jugendlichen zu gewinnen. Die Interviewten entstammten unterschiedlichen sozioökonomischen und religiösen Gruppen. Bei allen Jungen und Mädchen der Gruppe spielten Phantasien von einem drohenden Atomkrieg eine Rolle. Ich zitiere den Autor MACK: „Einige schienen auf zwei unterschiedlichen Ebenen zu leben. Einerseits planten sie ganz normal für ihre Zukunft, andererseits bedrückte sie die Vorstellung einer unvermeidlichen nuklearen Vernichtung. Jeder der befragten Jugendlichen glaubte, daß Zivilschutz wirkungslos sei und daß ein Atomkrieg nicht begrenzt werden könnte. Daß die Ausrüstung mit Nuklearwaffen Sicherheit schaffen könne, erschien ihnen zweifelhaft, obwohl sie nicht wünschten, daß ein von Atomwaffen entblößtes Amerika einer nuklear gerüsteten Sowjetunion gegenüberstände."

*E*ine interessante Vergleichsuntersuchung zwischen amerikanischen und sowjetischen Kindern hat 1983 in enger Zusammenarbeit zwischen amerikanischen und sowjetischen Ärzten stattgefunden. Die wissenschaftliche Leitung lag in den Händen der Amerikaner E. CHIVIAN, J. GOODMAN und J. MACK. Untersucht wurden 293 sowjetische und 200 amerikanische Kinder zwischen 9 und 17 mit einem Durchschnittsalter von 13 Jahren. Auf die Frage, ob sie während ihrer Lebenszeit einen Atomkrieg zwischen den USA und der Sowjetunion erwarteten, antworteten mit Ja 38,4% der amerikanischen, hingegen nur 11,8% der sowjetischen Kinder. Immerhin sagten noch 44,8% der amerikanischen und 33,7% der sowjetischen Kinder, daß sie unsicher seien. Andere Verhältnisse ergaben sich bei Fragen nach der Überlebenschance im Falle eines Nuklearkrieges. 80,7% der sowjetischen, aber nur 41,3% der amerikanischen Kinder gaben sich und ihrer Familie keine Chance, einen atomaren Krieg zu überleben. Ob man einen solchen Krieg verhindern könne, beurteilten die amerikanischen Kinder wiederum weniger optimistisch als die russischen. Hier betrug das Verhältnis 65,2% zu 93,3%.

*U*nter Berücksichtigung einer gleichzeitig durchgeführten vergleichenden Interviewstudie gelangten die Autoren zu folgenden Schlußfolgerungen. Ich zitierte:
1. „Sowjetische wie amerikanische Kinder sind ziemlich detailliert informiert über die Wirkungen von Atomwaffen. Die Informationen stammen aus den Medien, aus der Schule und z. T. von den Eltern."
2. „Sowohl die sowjetischen wie die amerikanischen Kinder beschäftigen sich mit der Möglichkeit eines Atomkrieges, wobei die sowjetischen Kinder darüber sogar mehr beunruhigt sind als die amerikanischen. Beiderseits sind Gefühle von Verzweiflung und Hilflosigkeit mit dem Gedanken verbunden, daß ein Atomkrieg irgendwann ausbrechen könnte."
3. „Bei geringem Vertrauen in Zivilschutzmöglichkeiten geben die sowjetischen Kinder im Vergleich zu den amerikanischen sich und ihren Familien geringere Überlebenschancen."

Bemerkenswerter als die signifikanten Differenzen finden die Autoren die Ähnlichkeiten zwischen den Kindern beider Nationen. Jedenfalls werde das Vorurteil widerlegt, daß die sowjetischen Kinder etwa schlechter informiert und weniger besorgt über die atomare Bedrohung seien.

Interessant ist eine sehr ausgedehnte Studie über Kinderängste in dem neutralen Finnland, die vor kurzem abgeschlossen worden ist. Dort hat man nach Geburtsdaten eine repräsentative Erhebung bei 12- bis 18jährigen Kindern vorgenommen. Insgesamt wurden 2167 Kinder schriftlich befragt. Die Rücklaufquote betrug 81%, war also sehr hoch. Obwohl Finnland ein atomwaffenfreies neutrales Land ist, waren die Resultate bestürzend. Auf die Frage nach Ängsten wurde die Kriegsangst von 60% der Kinder an erster Stelle genannt. Interessanterweise fand sich bei den 12jährigen Jungen mehr Kriegsangst als bei den älteren, jedoch zeigte sich mit wachsendem Alter ein zunehmendes Vertrauen, zur Verhinderung eines Kreiges beitragen zu können. Mädchen bekundeten in allen Altersgruppen mehr Betroffenheit als die Jungen. Es kam heraus, daß sie offenbar auch häufiger als die Jungen über ihre Kriegsängste Gespräche führen.

Mit besonderer Betroffenheit reagierten aber auch die Autoren dieser Untersuchung, darunter die finnische Sozialministerin VAPPU TAIPALE, eine bekannte Kinderpsychiaterin. In der Zusammenfassung der Arbeit heißt es: „Das Ausmaß der Kriegsängste, das in der vorliegenden Studie nachgewiesen wird, übertrifft alle Erwartungen der Erwachsenen und sogar der Mental Health Workers in Finnland."

Aber eben nicht nur in Finnland, sondern auch in vielen anderen Ländern, wie in dem unsrigen, besteht zweifellos dieses Mißverhältnis zwischen den *Vorstellungen* der Erwachsenen über die Kinder und deren *wirklicher psychischer Verfassung.* Wir Erwachsenen wollen zu einem großen Teil nicht wissen, mit welchen Bedrohungsphantasien sich unsere Kinder beschäftigen, eben weil wir selbst zu verdrängen bemüht sind, was die Kinder uns zurückspiegeln könnten. Dabei hätten wir eigentlich allen Grund, genau hinzusehen und hinzuhören, was unsere Kinder in dieser Hinsicht wahrnehmen und fühlen. Wir Älteren sind vielfach bereits zu zermürbt und abgestumpft, um auf länger bestehende Gefahrensituationen, mögen diese auch noch so schwerwiegend sein, alarmiert reagieren zu können. Wir werden zwar vielleicht noch momentan aufgescheucht, solange die Entscheidung um die Stationierung umkämpft ist oder wenn uns ein Film wie „The Day After" ein paar nächtliche Alpträume bereitet. Aber ein Großteil von uns verfügt doch über die längst antrainierte zweifelhafte Fähigkeit, alle Probleme bald wieder auszublenden, die nicht unmittelbar auf unsere Sinne einwirken und dem Anschein nach durch keine direkte persönliche Reaktion beeinflußt werden können. So kommt es dann, daß man mit der atomaren Bedrohung wie mit einer Mode umgeht. Als wäre es ein Thema, zu dem man sich wie zu einem beliebigen anderen eine Weile durch die Medien aufregen läßt, bis man davon genug hat und sich zu langweilen anfängt. Dann ist man z. B. dankbar, wenn der Skandal um einen angeblich homosexuellen General endlich neuen Aufregungsstoff liefert.

Das heißt, wir Älteren sollten einsehen, daß wir zumindest zu einem großen Teil nur noch ungenügend imstande sind, uns von Problemen entsprechend ihrem realen Gewicht beeindrucken zu lassen. Umgekehrt haben wir Anlaß anzunehmen, daß unsere Kinder mit ihren Phantasien und Gefühlen oft verläßlicher registrieren, wo die echten, großen Probleme liegen. Es liegt sogar die Vermutung nahe, daß wir aus den Träumen und Tagträumen unserer Kinder wie auch aus den Bildern mancher hochsensibler, besonders durchlässiger Künstler mehr erfahren können, was uns bevorsteht und was wir zu bewältigen haben, als aus den Befunden und Hochrechnungen Tausender von technokratischen Experten. Wenn jetzt in verschiedenen Ländern immer mehr Untersuchungen darüber angestellt werden, wie sich Kinder die Zukunft vorstellen und welche Bedeutung sie der atomaren Bedrohung beimessen, so heißt das vielleicht, daß wenigstens hier und da das Zutrauen in die seismographischen Fähigkeiten der Kinder zunimmt und daß man von den Kindern manches davon erfahren möchte, was man selbst verdrängt und gerade darum in beunruhigendem Maße den Kindern vermittelt.

Aber diese Sichtweise ist eben nicht nur kein Allgemeingut, sondern widerspricht der herrschenden Gewohnheit, die kritische Sensibilität der Jugend maßlos zu unterschätzen. Ungläubigkeit findet man insbesondere bei Vertretern der politischen Führungsschichten, wenn man sie mit den zitierten Ergebnissen der internationalen Jugendstudien konfrontiert. Undenkbar erscheint den Betreffenden, daß z. B. schon so viele 12jährige Kinder von Atomkriegsängsten geplagt werden könnten, da man ihnen doch ständig Zuversicht in die eigene Sicherheitspolitik einimpfe. Allerdings behilft man sich mit der Erklärung, daß diese beunruhigten Kinder von unverantwortlichen Panikmachern irre gemacht worden seien oder daß gar die untersuchenden Wissenschaftler unkorrekt gearbeitet hätten.

Für diese Vorurteilsbereitschaft auf hoher Ebene fallen mir als Beispiel zwei Erlebnisse ein, die ich in Moskau bzw. in Bonn hatte:

*A*ls ich zusammen mit einigen anderen Mitgliedern der westdeutschen Friedensforschung und Friedensbewegung Gelegenheit hatte, in Moskau mit ziemlich hochrangigen außenpolitischen Experten – darunter ARBATOW und FALIN – zu sprechen, diskutierten wir auch über die Jugend in unseren beiden Ländern. Ich erwähnte deutsche Untersuchungen, u. a. die zitierte Shell-Studie, und fragte die Russen, ob sie ähnliche repräsentative Erhebungen in der Sowjetunion kennen würden. Die Antwort lautete: Man wisse auch *ohne* solche statistischen Ermittlungen, was die sowjetische Jugend denke. Denn schließlich erkläre man ihr tagtäglich, daß sie durch die Fortschritte der sozialistischen Gesellschaft allen Grund habe, der Zukunft mit Optimismus und Zuversicht entgegenzusehen. Und selbstverständlich mache sich die Jugend zu eigen, was man ihr sage. Ein paar Stunden später hörte ich allerdings etwas ganz anderes in privatem Kontakt mit einer älteren Russin. Sie berichtete mir von ihren Kindern und deren Freundeskreis. Dort verbeitete sich immer mehr Skepsis gegenüber den Parteiparolen. Man interessierte sich viel mehr für ältere gesellschaftskritische und religiöse Literatur. Die Zukunftsvorstellungen seien eher pessimistisch. Ihr eigener Sohn und viele andere junge Leute wollten später keine Kinder haben, weil sie das Risiko für die nachfolgende Generation als zu hoch einschätzten.

*D*as zweite Beispiel: Ein führender Politiker lud mich nach Bonn ein. Er wolle von mir Näheres über die Motive der neuen Jugendproteste und insbesondere der Friedensbewegung hören. Ich kam nur gerade dazu, ihm zu versichern, daß ich die Beunruhigung dieser Teile der Jugend im wesentlichen als eine spontane Reaktion auf gespürte Bedrohungen einschätze. Da fuhr er mir ins Wort, knallte mit beiden Handflächen auf seine

Stuhllehne und schrie: „Spontan? Da ist nichts spontan. Wenn ich das Wort spontan schon höre!" Dahinter stecke doch nur eine gezielte Aufwiegelung durch Väter, Lehrer und selbst durch einige Politiker seiner eigenen Partei, die da ein unverantwortliches Spiel betrieben.

*E*s zeigt sich also, daß der West-Politiker seinem Kollegen in Moskau in dem entscheidenden Vorurteil genau gleicht: Was die Jugend glaube, habe man ihr vorher planmäßig eingeredet. Das Wort „spontan" ist für beide ein Fremdwort. Ein Unterschied zwischen Ost und West besteht freilich darin, daß dort der Staat ein Monopol für die propagandistische Indoktrination hat, während hier – unter welchen offenen oder verdeckten Schwierigkeiten auch immer – jene kritische Gegenpropaganda möglich ist, über die sich mein zitierter Bonner Gesprächspartner so sehr aufregte. Aber in der Unterstellung, daß die Jugend sich nur automatisch zu eigen mache, was ihr von dieser oder jener Autorität gezielt aufoktroyiert werde, herrscht eine beklemmende Übereinstimmung.

*A*llerdings ist dieses Vorurteil ja nicht nur unter Politikern, sondern in der Elterngeneration überhaupt weit verbreitet. Wir Familientherapeuten begegnen auf Schritt und Tritt Eltern, die nur das Wenigste davon spüren, was ihre Kinder von der Welt wahrnehmen und worüber diese sich bereits kritische Gedanken machen. Sie denken, was sie den Kindern gegenüber verschweigen, existiere für diese nicht. Tatsächlich sehen Kinder sehr oft ihre Eltern viel klarer, als diese sich selbst begreifen oder zumindest begreifen wollen. Sie fühlen auch deren nicht eingestandenen Verstimmungen und Konflikte. Über eheliche Unstimmigkeiten zwischen den Eltern sind Kinder meist auch dann im Bilde, wenn man ihnen jene mit vieler

Mühe vorzuenthalten versucht. Schönfärbende Sprüche, in denen ein optimistisches Zukunftsbild von der Welt entworfen wird, nützen gar nichts, wenn die Kinder einen Widerspruch zwischen dem Gesagten und der Stimmungsverfassung der Eltern bemerken. Wenn die Eltern insgeheim unter den Umständen leiden, an die sie die Kinder mit allen pädagogischen Anstrengungen anzupassen versuchen, so dürfen sie sich über ihren Mißerfolg nicht wundern.

*U*nsere psychotherapeutische Erfahrung entspricht hier jedenfalls genau den geschilderten Untersuchungen über die Kriegsangst der Kinder in verschiedenen Ländern. Überall sind das Publikum und zugleich die Mehrzahl der Experten bestürzt über die vorher nicht annähernd in diesem Ausmaß verbreiteten Besorgnisse der Kinder über die Gefahren eines atomaren Krieges. Nirgends hatte man z. B. erwartet, daß schon 12jährige sich so intensiv mit diesem Problem beschäftigen, wie es jetzt herausgekommen ist. Was müssen wird Älteren nun daraus für uns ableiten?

*G*anz sicher müssen wir uns angewöhnen, mit den Kindern offener über das zu sprechen, was sie ohnehin bereits beschäftigt und bedrückt. Diffuse Phantasien, um Andeutungen herum gesponnen, sind für die Kinder viel belastender als klare Informationen. Im übrigen vermitteln wir, wenn wir freimütig über die Tatsachen zu sprechen wagen, allein schon durch die Offenheit mehr Sicherheit als durch die übliche, fürsorglich gemeinte Heimlichtuerei.

*N*atürlich haben es da die Eltern viel leichter, welche Tatsachen der atomaren Hochrüstungspolitik nicht nur passiv hinnehmen, sondern den Kindern zeigen können, daß sie irgendeinen Beitrag zur Verhinderung der Katastrophe zu leisten versuchen. Dazu fällt mir jene kleine Geschichte ein, die ich schon vor zwei Jahren von einer amerikanischen Ärztin hörte und die inzwischen auch hierzulande die Runde macht. In einer amerikanischen Stadt fragte eine Lehrerin die siebenjährigen Schüler, ob sie schon einmal von einem Atomkrieg gehört hätten und was sie darüber dächten. Alle Kinder sagten, daß sie davon schon gehört hätten und daß sie deswegen Angst hätten. Aber *ein* Mädchen erklärte, sie hätte gar keine Angst, weil ihr Daddy jede Woche zu einer Bürgerinitiative gehe, die für den Frieden kämpfe.

*D*iese Story ist instruktiv. Es kommt natürlich darauf an, mit den Tatsachen zugleich die Hoffnung zu vermitteln, daß das Schlimme abgewendet werden kann. Aber als glaubwürdig werden Kinder Eltern darin immer nur dann erleben, wenn diese sich irgendwie aktiv mit dem Problem auseinandersetzen.

*D*aß wir uns in diesem Punkt alle in einer äußerst schwierigen Lage befinden, ist offensichtlich. Wie können wir unsere Kinder wirklich glauben machen, daß wir alles tun, um ihnen später einmal günstige Lebensbedingungen zu sichern? Wir können privat alle mögliche Vorsorge treffen, zum Vorteil der Kinder sparen, Versicherungen abschließen, ihnen so viele Bildungshilfen wie möglich zukommen lassen. Wir können sie gut ernähren, sie anspornen, ihnen alle möglichen Anregungen bieten. Aber wie sollen wir ihnen plausibel machen, daß für jeden Erdenbürger, also auch jedes Kind, schon umgerechnet mehrere Tonnen Dynamit gestapelt sind? Daß täglich etwa 40 000 Kinder in den armen Ländern verhungern müssen, während pro Minute zweieinhalb Millionen Mark

für die Rüstung verpulvert werden? Daß beide Supermächte sich und uns alle mit immer gefährlicheren Waffen gegenseitig bedrohen und alle anderen Völker unmittelbar in ihre Feindschaft mitverwikkeln? Meine neunjährige Enkeltochter, die in unserem Haushalt lebt, hat mich ganz schlicht gefragt: Warum geht es nicht, daß sich die Amerikaner mit den Russen versöhnen?

*S*ie stellt sich ja nicht zu Unrecht vor, daß die führenden Politiker probieren müßten, was sie selbst in der Schule bei Streitigkeiten mit anderen Kindern als die befriedigendste Lösung herausgefunden hat. Es ist ja nur quälend, wenn zwei voreinander immer nur Angst haben und ausschließlich daran denken, wie sie sich gegen den andern behaupten können. Wenn man miteinander leben muß und aufeinander angewiesen ist, dann soll man eben lernen, miteinander auszukommen. Wenn nun aber Russen und Amerikaner zur Verhinderung einer Weltkatastrophe so sehr wie nie aufeinander angewiesen sind, warum sprechen sich dann ihre Spitzenleute nicht miteinander aus? Warum ringen sie nicht ernsthaft um eine echte Verständigung?

*E*ine solche Unterhaltung kann schnell zu dem Punkt kommen, daß man die Unvernunft des mörderischen Wettrüstens eingestehen muß. Natürlich erwarten Kinder nun von ihren lange Zeit idealisierten Eltern und Großeltern, daß diese etwas tun, um diese Unvernunft aus der Welt zu schaffen. Manche von uns haben sich ja nun auch irgendwo aktiv engagiert, etwa in unserer Ärztebewegung. Auf jüngere Kinder kann das immerhin so beruhigend wirken, wie das von der siebenjährigen amerikanischen Schülerin berichtet wurde. Aber wie ist es nun, wenn die Kinder älter werden und merken, daß z. B. Daddy immerfort in dieser Sache

rührig ist, aber keine durchgreifenden Erfolge melden kann? Unlängst hat mir eine in der Friedensbewegung wacker engagierte Mutter davon berichtet, daß ihre 15 und 16 Jahre alten Kinder ihr vorgehalten hätten: Mutti, wir finden ja ganz phantastisch, was du da machst. Aber du rackerst dich da ab, und nun sag uns mal, hast du damit irgend etwas erreicht? Es ist doch alles vergeblich!

*A*ber ist wirklich alles vergeblich? Die besagte Mutter glaubt es weiterhin nicht. Und sie hat ihren Kindern entsprechend geantwortet. Aber sie hat durchaus mit sich zu kämpfen, um gelegentliche Gefühle von Entmutigung zu überwinden, die vielen von uns geläufig sind. Und diese Mutter gesteht ihren Kindern auch zu, daß sie sich manchmal sehr ohnmächtig fühle. Aber sie hat eine Einschätzung von einem möglichen Erfolg ihres Engagements, die ihr immer wieder Kraft verleiht.

*S*ie denkt nicht nur an heute und morgen, nicht nur an die eben stationierten und die uns demnächst noch zugedachten Raketen. Sie denkt daran, daß sie um sich herum noch viele andere Frauen und Mütter, aber auch Männer aufrütteln will. Und ihre Idee ist: Wenn die Zahl der aufwachenden und protestierenden Menschen allmählich millionenfach anschwillt, dann wird daraus eines Tages doch einmal eine Macht werden, gegen die keine weitere Aufrüstungspolitik betrieben werden kann. Wie unsicher die Aussicht auf dieses Gelingen auch immer sein mag, so sieht es diese Frau als einen selbstverständlichen Teil ihrer Lebensaufgabe an, das ihr Mögliche dazu beizutragen. Sie sagt: „Das bin ich meinen Kindern schuldig. Es ist ein Teil meiner Fürsorge für sie."

*A*n dieser Denkweise finde ich einen Aspekt beispielhaft für uns alle. Das ist die Fähigkeit, in einer langfristigen Perspektive zu denken. Auf den ersten Blick erscheint das paradox. Wachsen die Gefahren nicht von Monat zu Monat, ja von Tag zu Tag? Werden nicht täglich Millionen für neue Waffen verpulvert und neue Raketen aufgestellt? Was nützt es da noch, wenn der Bevölkerungsanteil allmählich anwächst, der zu zweifeln und umzudenken beginnt? Hängt nicht alles davon ab, daß wir übermorgen und möglichst schon morgen den Lauf der Dinge wenden? Ist es sonst nicht zu spät?

*D*iese Ungeduld kann sich auf triftige, logische Gründe berufen. Zugleich droht sie an sich selbst zu scheitern. Erstens, weil – wie das Beispiel der Nachrüstung zeigt – die Machtverhältnisse einen schlagartigen Erfolg nicht zulassen. Zweitens aber auch, und das ist ausführlicher zu erläutern, weil in dem hektischen augenblicksbezogenen Denken bereits ein Prinzip reproduziert wird, das die Destruktivität in sich enthält.

*W*enn wir darauf schauen, welche Mentalität den atemlosen Rüstungswettlauf unterhält, so ist es eines ihrer wesentlichen Merkmale, daß sie nirgends mehr abwarten will und kann. Jetzt und hier soll die Welt von dem Bösen befreit werden. Das Spiel mit den schwindelerregenden Risiken der atomaren Bedrohung beruht auf der absurden Vorstellung, die Konflikte zwischen den politischen Systemen berechtigten, ja verpflichteten die heute Macht tragende Generation, die Zukunft aller nachfolgenden Generationen aufs Spiel zu setzen. Darin steckt eine größenwahnsinnige und verantwortungslose Entmündigung der Jugend und der noch Ungeborenen. In seiner berühmt-berüchtigten Rede vom März 1983 erzählte Präsident REAGAN voller Bewunderung von einem Vater, der seine Töchter belehrt habe, er würde sie lieber jetzt im Glauben an Gott sterben lassen, als zu riskieren, sie im gottlosen Kommunismus aufwachsen zu lassen. Der gleiche Gedanke steckt in der bekannten und so gut wie offiziell gültigen Empfehlung, daß man bereit sein solle, lieber tot als rot zu sein. Die wahnwitzige Steigerung des Rüstungstempos enthält in der Tat die nur selten ausgesprochene, aber deutlich erkennbare Bereitschaft, es auf eine Entscheidung in naher Zukunft ankommen zu lassen. In der gleichen Rede hat REAGAN ja auch gesagt, nicht das Wettrüsten sei das wichtigste Thema unserer Zeit, sondern die Entscheidung zwischen Recht und Unrecht, zwischen Gut und Böse.

*D*abei wird uns noch weisgemacht, diese Haltung sei wahrhaft christlich. REAGAN wird nicht müde, sich in seinem Kreuzzugsgerede – den Begriff Kreuzzug hat er in London offiziell gebraucht – ausdrücklich auf Gott zu berufen. Mir kommt dabei die fatale Erinnerung an die Predigt eines Militärgeistlichen, die ich als 18jähriger Soldat im Rußlandfeldzug hörte, am Vortag einer großen Offensive: Es sei unsere heilige Aufgabe, als Soldaten die Welt von der Geißel des gottlosen Kommunismus zu befreien. Und dabei waren wir im Begriff, durch einen gottlosen und verbrecherischen Angriffskrieg mehr als 20 Millionen russische Menschen zu töten, von den übrigen Greueltaten unseres Regimes ganz abgesehen.

*W*ir, die heute lebenden Generationen, sind nur ein bescheidenes Glied in der Kette des menschlichen und des kreatürlichen Lebens. Unser Zeitbewußtsein sollte bestimmt sein durch die relative Bedeutung unserer Lebensstrecke im historischen Prozeß, dessen Fortgang wir zuallererst zu sichern haben. Die REAGAN'sche Momentaufnahme von Gut und Böse in unserer Welt stimmt schon heute nicht, erst recht wird sie von zukünftigen Generationen völlig anders bewertet werden. Die lebenden und die noch ungeborenen Kinder haben ein Recht, von uns die Einsicht zu fordern, daß es nicht um rot oder tot geht, sondern darum, ob Rote und Nicht-Rote gemeinsam überleben können oder sich gemeinsam einschließlich eines beträchtlichen Teils der übrigen Menschheit umbringen wollen. Gemeinsam überleben heißt, unter Verzicht auf wechselseitige tödliche Bedrohung zusammenzuarbeiten und sich anzustrengen, die Ungerechtigkeiten und Mängel innerhalb *beider* Systeme und insbesondere im Verhältnis zu den notleidenden Völkern schrittweise abzubauen. Aber eben diese Sichtweise bedeutet, eine andere Beziehung zur Zukunft zu gewinnen. Eine Abkehr von dem größenwahnsinnigen Gedanken, man sei berechtigt, ja geradezu verpflichtet, jetzt und hier darüber zu entscheiden, ob es überhaupt noch ein Weiterleben auf großen Teilen dieses Planeten geben soll oder nicht.

*I*n diesem Zusammenhang möchte ich anmerken, daß ich in dem politischen Spiel mit den tödlichen atomaren Risiken eigentlich den Ausdruck von Verzweiflung und Resignation erblicke. REAGANS Faszination durch den Vater, der seine Töchter heroisch zu opfern bereit ist, enthüllt wie seine Kreuzzugsphilosophie einen zwar verleugneten, nichtsdestoweniger wirksamen destruktiven Pessimismus. Wäre die Hoffnung da, mit Geduld und in friedlichem Dialog voranzukommen, bräuchte man kein Rüstungsprogramm, das in wenigen Jahren das bereits vorhandene Overkill-Potential noch um ein Mehrfaches erhöhen wird. Was sich als Stärkepolitik ausgibt, ist in Wirklichkeit eine moralische Kapitulation und eine im Grunde nekrophile Grundhaltung, eine Fesselung durch die Phantasie eines zur heroischen Großtat verklärten Massenmordes und Massenselbstmordes. Die Phantasie von einer unentrinnbaren Sintflut durch Menschenhand.

*V*iele unter uns sind durch diese nekrophile und destruktive Denkweise bereits angesteckt. Ohne sie zu überwinden, werden wir zu keiner effektiven Abrüstung kommen. Und damit bin ich wieder an dem Punkt angelangt, wo ich von der Notwendigkeit zur Geduld und Beharrlichkeit in unserem Widerstand sprach, als ich das Beispiel jener engagierten Mutter erwähnte. Es geht *auch*, aber beileibe nicht *nur* um Momenterfolge unserer Anstrengungen, die Raketenaufstellung zu behindern. Währen wir gegen die *eine* Kategorie von Waffen kämpfen, über die öffentlich politisch diskutiert wird, werden laufend insgeheim *noch viel schlimmere* andere entwickelt und erprobt. Die Eigendynamik des militärisch-industriellen Komplexes produziert Tausende neuartiger grauenhafter Massenvernichtungsmittel, während uns die Propaganda einredet, daß ein bloßes Gespräch zwischen SHULTZ und GROMYKO oder der Name der KVAE-Konferenz uns schon besser schlafen lassen sollten. Wir werden in der Tat noch einen langen, standhaften und unbeirrbaren Kampf führen müssen, um eines Tages eine Politik durchzusetzen, die den Namen *verantwortlich* wirklich verdient. Deshalb hat jene Mutter recht, wenn sie sich durch den Hinweis auf fehlende rasche Erfolge nicht entmutigen läßt.

*W*ir sehen zur Zeit, daß viele derjenigen Aktivisten oder Sympathisanten der Friedensbewegung resignieren, die immer nur an die Pershings gedacht haben. Weil sie das Ziel verfehlt haben, das sie sich zu eng gesteckt haben, übermannt sie die Enttäuschung. Andererseits sehen wir, daß die Friedensbewegung auch viele neue Freunde gewinnt, die vorher außerhalb standen. Unsere Sektion Bundesrepublik Deutschland der Internationalen Ärzte für die Verhütung des Atomkrieges hat gerade in den letzten Wochen einen großen Zulauf

erhalten. Vor allem Menschen der älteren Jahrgänge finden sich in immer größeren Zahlen nicht nur in unserer Ärztebewegung, sondern auch bei anderen Gruppen und bei Veranstaltungen der Friedensbewegung ein. Unter diesen lerne ich viele kennen, denen nicht so sehr danach zumute ist, sich in spektakuläre Aktionen zu stürzen, die indessen entschlossen sind, in ihrem Umfeld Farbe zu bekennen und unverdrossen im Alltag für ihre Überzeugung zu werben.

*I*ch fühle mich nicht in der Lage und noch weniger berufen, hier eine Bewertung einzelner Widerstandsmöglichkeiten vorzunehmen. Hier sehen die Bedingungen und Chancen für jeden einzelnen von uns unterschiedlich aus. Aber ich möchte gern noch ein Wort zu einer Form von Widerstand sagen, die oft zu Unrecht unterschätzt wird, weil man mit ihr kein großartiges Aufsehen erweckt. Ich meine eben das, was jeder von uns im Alltag tun kann. Da kann man Freunde und Nachbarn ansprechen. Man kann sich an seinem Arbeitsplatz rühren. Man kann seine Vorstellungen im Kollegenkreis oder in beruflichen oder gewerkschaftlichen Gremien bekanntmachen. Dabei meine ich nicht ein missionierendes Predigen, sondern die Anregung von Gesprächen, bei denen man ebensosehr den Meinungen der anderen zuhört und diese ernst nimmt. Es ist wichtiger, andere zum Nachdenken und zu einer vertiefenden Fragestellung anzuregen, als sie mit lauter eigenen Antworten zu überfahren, womit man nur Widerwillen weckt. Aber wichtig ist schon, daß man sich selbst klar bekennt, was man denkt und fühlt. Das wirkt eindringlicher als alles, was als Propaganda empfunden wird und wovon jeder von uns durch die Medien im Übermaß täglich eingedeckt wird.

*S*chließlich geht es ja in der Tat darum, daß wir nicht nur die Massenvernichtungswaffen ablehnen, sondern die gesamte Denkweise, die diese Monstren als Garanten vermeintlicher Sicherheit als notwendig erscheinen läßt. Wir brauchen ein fundamentales Umdenken, gleichzeitig ein „Umfühlen", wie das die DDR-Schriftstellerin CHRISTA WOLF genannt hat. Und dies werden wir in großer Breite erst erreichen, wenn diejenigen, die sich als „Friedensarbeiter" verstehen, durch ihr persönliches Beispiel mehr und mehr Menschen zu ermutigen verstehen, sich von der psychischen Militarisierung zu lösen, die uns quasi offiziell verordnet wird. Wir müssen uns gegenseitig unterstützen zu durchschauen, daß die herrschende Perspektive der sogenannten Stärkepolitik nichts anderes ist als eine planmäßige, wenn auch verdeckte Annäherung an die Bereitschaft zu einem grauenhaften Massenmord und Massenselbstmord. Der angebliche Mut, der darin stecken soll, ist in Wahrheit eine riesige Feigheit. Nämlich die Feigheit, sich das lebensgefährliche Scheitern der nackten Bedrohungspolitik einzugestehen. Es ist die Unfähigkeit zu dem echten Mut, der zu dem Entschluß führen müßte, das unselige Blockdenken abzubauen und um eine blockübergreifende echte Verständigung zu ringen. Es wird für *unsere* Kinder nur eine einigermaßen sichere Zukunft geben, wenn wir diese auch für die Kinder *der anderen Seite* wollen. Wenn die heute regierende Generation unfähig ist, für diese beiderseitige Zukunft hinreichende Hilfen zu entwickeln, so dürfte sie zumindest keinen Schritt weiter auf dem Irrweg tun, der unseren Nachkommen die Chance raubt, aus der derzeit verfolgten tödlichen Sackgasse je wieder herauszufinden. Ich muß am Ende noch einmal sagen, daß ich dazu hier keine technischen Rezepte vermitteln kann oder will. Nur eine recht allgemein gehaltene Empfehlung möchte ich aussprechen: Beteilige dich an keiner Maßnahme, die einen Krieg vorbereiten hilft. Und beweise, daß dein

Wille zu einer friedlichen Zukunft und zur Überwindung der tödlichen Bedrohungspolitik stärker ist als dein Respekt vor einschüchternden Autoritäten jedweder Art. Folge in dieser Frage deinem Gewissen, vor allem auch dort, wo du erkennst, daß offizielle Bestimmungen dem Friedensangebot unserer Verfassung entgegenstehen. In diesem Sinne unterstütze ich die Heilbronner Erklärung der Schriftsteller und erinnere an ein Bekenntnis ALBERT EINSTEINS, das dieser noch kurz vor seinem Tode formuliert hat:

„Wenn ich mir erlauben darf, eine Bemerkung auf eigene Verantwortung beizufügen, so ist es diese: Die beiden Weltkriege haben sich psychologisch dahin ausgewirkt, daß das Verhalten der Nationen selbst in Friedenszeiten (beziehungsweise: Halb-Friedenszeiten) beherrscht ist von folgender Idee: Man muß so handeln, daß die Situation der eigenen Nation im Falle eines Krieges möglichst günstig ist. Solches Verhalten macht aber einen wirklichen Frieden unmöglich und führt notwendig zu einer schrittweisen Steigerung der Gegensätze und endlich zur Katastrophe. Wer nicht an die Möglichkeit der Erziehung eines dauernden und gesicherten Friedens glaubt, oder nicht den Mut hat, entsprechend zu handeln, der ist reif zum Untergang."

I. Die Apokalypse

1. Metropolis

Der Blick auf die wachsenden Gebilde, die einstmals Städte waren, zeigt uns, daß sie einem Menschen gleichen, der verzerrt wird durch krebsige Tochtergeschwülste. Vielleicht gibt es keinen Todestrieb; aber Umstände, die tödlich wirken. Es könnte sein, daß die Struktur dessen, was wir gewohnheitsmäßig noch Stadt nennen, sich so verändert, daß sie kein Biotop mehr für freie Menschen ist, sondern eine soziale Umwelt, aus welcher, wie früher aus der natürlichen, unbegreifliche Katastrophen – Kriege statt Seuchen – hereinbrechen.

Alexander Mitscherlich
Die Unwirtlichkeit unserer Städte

Andreas Mayer, 12 Jahre

„**D**er Mensch baut Wolkenkratzer, Raumschiffe, Raumstationen usw. ... Große Waffenlager und Raketenstationen sind zu sehen."

Andreas Mayer 6 A

Wie ich mir die Welt in 100 Jahren vorstelle

Die Innenstadt von Chicago im Jahr 2082. Der Mensch baut Wolkenkratzer, Raumschiffe, Raumstationen usw. Inzwischen gibt es Linienflüge zum Mond, zum Pluto, andern Planeten und in ferne Galaxien. Zukunfts Autos, die mit Müll und Luft angetrieben werden, rollen und gleiten über die Straßen. Verbindungstunnels zwischen den einzelnen Gebäuden, erleichtern den Menschen die Verbindung mit Geschäften, Büros, Raumhäfen usw. Große Waffenlager und Raketenstationen sind zu sehen. Funkstationen mit überdimensionalen Teleskopen und Lasereinrichtungen empfangen Funksprüche aus weitentfernten Galaxien und von Raumschiffen. Auch innerhalb der Erde gibt es Funkverbindungen und Raumschifflinienverkeh.

Stefanie Schönauer, 13 Jahre

„Die Welt wird in 100 Jahren eine einzige Großstadt sein ... Es ist ständig kalt. Die Rauchhülle verdichtet sich immer mehr, so daß irgendwann völlige Dunkelheit herrschen wird und die Menschen erfrieren werden."

Die Welt in 100 Jahren
Wie ich sie mir vorstelle

Die Welt wird in 100 Jahren eine einzige Großstadt sein. Die Menschen arbeiten nicht mehr, dafür gibt es Roboter, die nur manchmal von einem Spezialisten nachgesehen werden müssen. Der Rest der Menschen sitzt zu Hause und langweilt sich. Rausgehen kann man nur mit Gasmasken. Es gibt so viele Fabriken, die alle die Luft verpesten. Die Fenster der Häuser dürfen nicht geöffnet werden, die Atemluft wird gefiltert. Die Tiere sind bis auf ein paar hochgezüchtete uralte Schoßhündchen ausgerottet. Es wachsen nur noch wenige Büschel Gras und die Seerose ist die letzte Blume, die es noch gibt. Was hinter der Mauer ist, weiß niemand. Autos dürfen wegen der zusätzlichen Umweltverschmutzung nicht mehr fahren, außer den Lastwagen der Fabriken. Raketen gibt es umso mehr. Die Häuser, die Straßen, alles ist grau. Viele Menschen haben nicht dazu Lust, spazierenzugehen. Es regnet auch nie mehr und die Welt liegt im Halbdunkel, denn der Rauch hat eine Hülle um die Erde gebildet und verdeckt die Sonne. Dadurch entstehen keine Wolken mehr. Jetzt muß das Meerwasser vom Salz

gereinigt werden, damit die Menschen nicht verdursten. Denn die Flüsse sind ausgetrocknet. Es gibt auch keinen Winter oder Sommer mehr. Es ist ständig kalt. Die Rauchhülle verdichtet sich immer mehr, so daß irgendwann völlige Dunkelheit herrschen wird und die Menschen erfrieren werden.

Lothar Löchte, 13 Jahre

„**I**n 100 Jahren haben die Menschen nur Streit. Deshalb gibt es einen ‚Duell-' und einen ‚Schieß-Übungsplatz' … Überall gehen Wachen der Roboter-Garde umher."

7 a Lothar Löchte Die Welt in 100 Jahren

In 100 Jahren haben die Menschen nur Streit. Deshalb gibt es einen „Duell-"und einen „Schieß-Übungsplatz". Einen großen Teil der Innenstadt, die mein Bild darstellt ist von einer Raumwehr eingenommen. Auch Kernkraftwerke gibt es in Massen. Um Unfälle zu vermeiden gibt es in den Autos und an den Bordsteinen „Elektroschocks." Wenn zwei Autos zusammenstoßen werden sie unter Strom gesetst. Überall gehen Wachen der Roboter-Garde umher. Ein letster Mammutbaum steht unter Naturschutz. In einem Museum gibt es als besondere Attraktion „saubere Luft!" Das ist in dieser Zeit etwas besonderes. In der Gärtnerei werden die Pflanzen mit Strahlen angewärmt Nur so können sie über längere Zeit leben und wachsen. Der Bach rechts unten ist total derdreckt. Das Kernkraftwerk leitet seinen ganzen Dreck und Abfall hinein.

Dirk Herzog, 13 Jahre

„**Ü**berall wird die Umwelt verdreckt
... Das Motto ist Sicherheit. In der Luft liegt Blei
... Besonders groß ist der Unterschied zwischen
Reich und Arm. Die Moral von diesem Bild:
Arme, alte Erde!"

Eine Stadt im Jahr
2081

Auf diesem Bild sieht man
den letzten Park Deutschland. Über
all wird die Umwelt verdreckt.
Die Autos und Flugzeuge haben sich
zwar nicht wesentlich verändert aber
doch die Häuser. Das Motto ist Sicherheit. In der Luft liegt Blei. Im Museum
wird ein VW-Käfer ausgestellt. Es gibt
Sternsucher für 10 Pfennig Eintritt. Besonders groß ist der Unterschied zwischen
Reich und Arm. Die Moral von
diesem Bild; arme alte Erde.

Dirk Herzog, 6B

Max-Planck Gymnasium

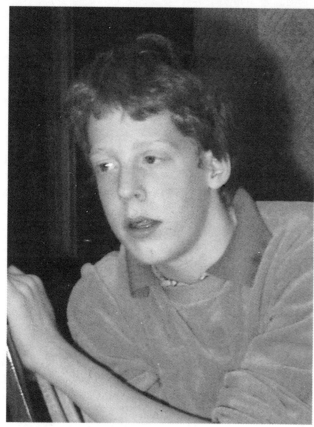

Thorsten Herzog, 13 Jahre

„**E**s herrscht seit 40 Jahren Smogalarm, und ohne Atemschutzgerät kann man nicht auf die Straße ... Ab und zu brechen aus der Atomwaffenfabrik kleine, gefährliche Atomtierchen aus."

Die Welt in 100 Jahren

Dieses Bild zeigt die Welt im Jahre 2081. Es stellt die Stadt London dar. Es herrscht seit 40 Jahren Smog-Alarm, und ohne Atemschutzgerät kann mann nicht auf die Straße. Ab und zu brechen aus der Atomwaffenfabrik kleine, gefährliche Atomtierchen aus. Die werden dann sofort beschossen. Der dicke bauchige Turm ist der Funkturm der BBC.

Thorsten Herzog

Klasse 6B

Max-Planck-Gymnasium
Düsseldorf

Kirsten König, 13 Jahre

Bildbeschreibung

So wird es in 100 Jahren im Rheinland aussehen! Die Straßen sind mit Autos verstopft. Die Menschen leben in riesigen Hochhäusern. Der Rhein ist total verschmutzt. Auf der anderen Rheinseite sind überall Fabriken die ihre Abwässer in den Rhein leiten. Der Himmel ist grau wegen dem Rauch der aus dem Schornsteinen kommt und von den Autoabgasen. In der Mitte des Bildes ist nur noch ein Baum weil alle Wälder abgerodet worden sind.

„**S**o wird es in 100 Jahren im Rheinland aussehen! Die Straßen sind mit Autos verstopft. Die Menschen leben in riesigen Hochhäusern. Der Rhein ist total verschmutzt."

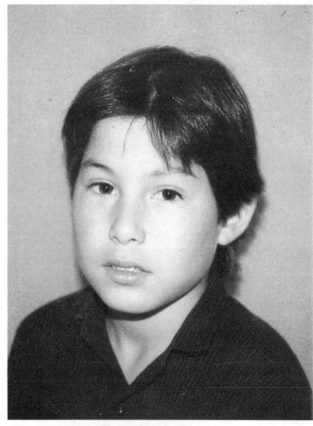

Janco Oberbandscheid, 13 Jahre

„**D**ie Luft ist von Autoabgasen und dichtem Qualm der Fabriken und ihren Schornsteinen verpestet … Die Leichenbestatter haben viel zu tun, da die Leichen schon auf den Dächern der Häuser abgelegt werden."

Ich stelle mir die Welt in 100 Jahren umweltfeindlich vor. Auf meiner Zeichnung sind keine naturalistischen Erscheinungen vorhanden, da es diese auch heute nicht so oft gibt wie vor 100 Jahren. Die Luft ist von Autoabgasen und dichtem Qualm der Fabriken und ihren Schornsteinen verpestet. Die Straßen sind tagsüber von Autos und die Bürgersteige von einer Unzahl Personen überfüllt. Täglich werden viele Menschen entweder auf den Bürgersteigen erdrückt oder auf den Straßen überfahren. Die Leute leben in eckigen, häßlichen Häuserblöcken statt in schönen Einfamilienhäuser mit Gärten. Die Leichenbestatter haben viel zu tun, da die Leichen schon auf den Dächern der Häuser abgelegt werden.

Janco
Oberbandscheid

7 A

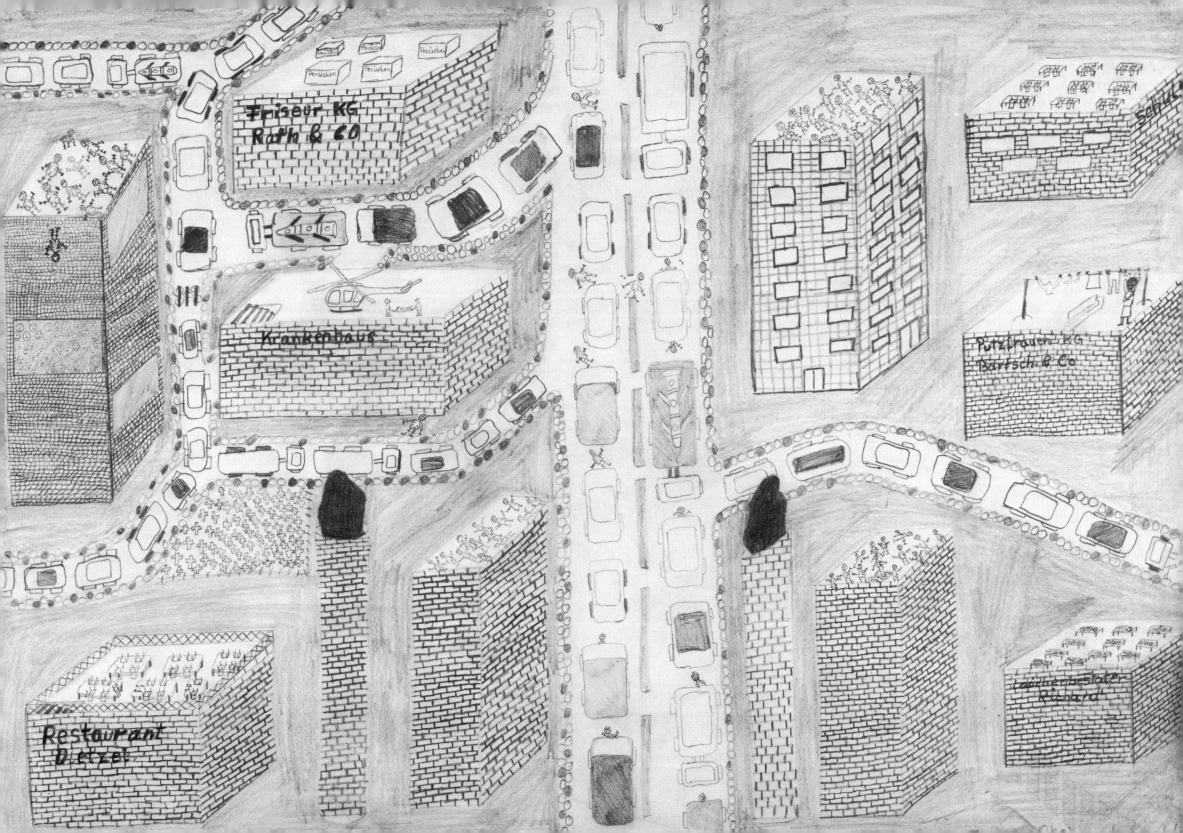

Jörg Leßing, 13 Jahre

„**D**as Zugrundegehen von Bäumen und Vegetation sind die ersten Anzeichen, daß die Erde zugrunde geht ... Nach wie vor protestieren und demonstrieren Umweltschützer, werden aber mit Militärgewalt zurückgedrängt ..."

Jörg Leßing 7A Die Welt in 100 Jahren

Im Jahre 2082 würde eine Stadt vielleicht so aussehen, wie ich in diesem Bild gezeichnet habe:

Der letzte Baum, eingepackt in einer Glashülle, welcher vor dem Naturkundemuseum steht, in dem viele Sensationen auf einen warten zum Beispiel:

Die Riesenspinne, die mit Bio-Chemikalien gefüttert wird; ausgestorbene Tiere aus dem 18.–19. Jahrhundert, das Menschenkrokodil und der Vogelmensch, mißglückte Versuche einer Kreuzung und vieler andere.

Wer gedacht hat, daß die Luft reiner würde, sieht sich getäuscht. Denn, wie auf diesem Bild ersichtlich, ragen die Schornsteige vieler Fabriken und Kraftwerke gen Himmel

Nach wie vor protestieren und demonstrieren Umweltschützer, werden aber gewaltsam, wie am rechten Bildrand ersichtlich, mit Militärgewalt zurückgedrängt.

Außerdem wird auf dem Bild deutlich, daß wegen Platzmangels Freizeiträume, Fabriken, Kernkraftwerke und Wohnzone zusammengepfercht sind.

Einige öffentliche Einrichtungen haben sich dennoch aus dem vorigen Jahrhundert erhalten, wie die Kirche, Straßenbahn, Denkmäler und Friedhöfe.

Der Terror und die Gewalt haben sich so stark ausgebreitet, daß die Menschheit sich schon selber fast völlig ausgerottet hat.

Das Zugrundegehen von Bäumen und Vegetation sind die ersten Anzeichen, daß die Erde zugrunde geht.

Ob das Leben in solch einem Zeitalter lebenswert ist, ist offen.

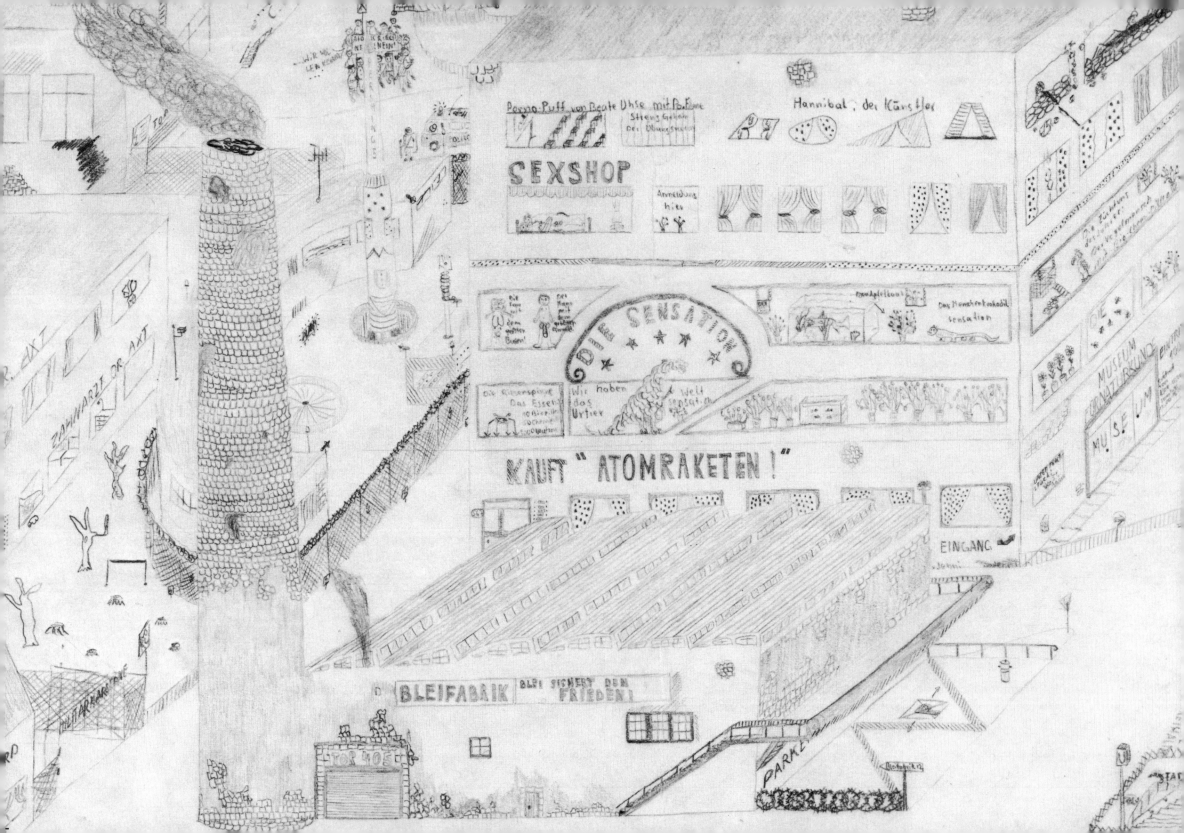

Nicole Brandt, 13 Jahre

„**D**ie Welt rüstet auf und baut viele Raketen und Bomben. Ich stelle mir vor, daß die Welt in 100 Jahren noch negativer ist als die jetzige."

Nicole Brandt 20

Die Welt in 100 Jahren

Ich stelle mir die Welt in 100 Jahren so vor:

Sie ist umweltfeindlich, was man daran sieht, daß die Fabriken und Autos sehr viele Abgase ablassen. Pflanzen sind nur auf dem Schrottplatz und auf dem kleinen Hügel oben rechts. Der Hügel, der allen Kriegen (auch dem 3. Weltkrieg) standgehalten hat, wird nun abgemäht, das kleine Häuschen abgerissen, damit man dort eine neue Fabrik errichten kann. Die Menschen im 21. Jahrhundert haben sehr wenig Geld, was dazu führt, daß sie Menschen ausrauben oder töten, um wenigstens ein paar Mark zu bekommen. Da Raubmorde und Diebstähle zum Alltag gehören, nehmen die Leute darauf keine Rücksicht. Die friedlicheren Menschen versuchen es mit Demonstrationen, aber die meisten ziehen die kriminelle Seite vor. Die Mahlzeiten bestehen aus Tabletten mit verschiedenem Geschmack. Die Welt rüstet auf und baut viele Raketen und Bomben

Ich stelle mir vor, daß die Welt in 100 Jahren noch negativer ist als die jetzige

Michael Toschek, 11 Jahre

Eine Stadt in 100 Jahren

Dieses ist eine voll technisierte Stadt mit :
Radarschirm, Hauptkontrollgebäude, Roboterpolizei, Abwehrgleitern und Strahlenaufzügen.

Die Stadt wurde vor vielen Jahren von menschenfressenden Vögeln angegriffen. Dann baute man den riesigen Schutzschirm, der die Stadt vom Weltall trennte. Aber es sind trotzdem ein paar Vögel eingedrungen, die die Stadt randalieren und Menschen fressen.

Michael Toschek, Klasse 5a

„Dieses ist eine voll technisierte Stadt ... Sie wurde vor vielen Jahren von menschenfressenden Vögeln angegriffen."

2. Der Golem

So gelehrt war der Rabbi Löw aus Prag,
daß er eines Tages aus Lehm einen künstlichen
Menschen schuf und ihm Leben einhauchte.
Er nannte ihn Golem. Golem war von über-
menschlicher Kraft und verrichtete auf Befehl
jede Arbeit für seinen Herrn.

Da verreiste eines Tages der Rabbi Löw. Nicht
lange, und man überbrachte ihm eine Schrek-
kensnachricht: In seiner Abwesenheit war
der Golem aus dem Schlaf erwacht und hatte sich
aus seiner Kammer befreit. Er wütete in den
Straßen und zerstörte alles, was ihm in den Weg
kam.

(alte jüdische Sage)

Dorothee Schwirten, 11 Jahre

So sieht die Welt in 100 Jahren aus!

Autos, Autos, Autos die Welt besteht nur
aus Autos, die unsere Luft verpesten.
Menschen, Tiere und Pflanzen sterben.
Die Roboter regieren die Welt.
Sie beherrschen auch die Atombomben,
und zerstören den Rest der Welt!

Dorothee Schwirten
Klasse 5 A
Max-Planck
Gymnasium!

„**D**ie Roboter regieren die Welt. Sie beherrschen auch die Atombomben und zerstören den Rest der Welt!"

Stefan Steinhäuser, 11 Jahre

„Alles ist Technik ... Bienen, Fliegen,
Ratten, Mäuse, Regenwürmer und Schmetterlinge
leben im Zoo."

Wie ich mir die Welt in 100 Jahren
vorstelle   Stefan Steinhäuser Klasse: 5a
Das Bild zeigt die Welt in 100 Jahren.
Alles ist Technik. Es gibt nur noch einen
Baum, aber den darf man noch nicht
mal berühren. Rechts unten im Bild
sieht man einen Zoo. Alle Tiere die in
diesem Zoo leben sind schon fast ausgestorben wie zum Beispiel: Bienen, Fliegen, Ratten, Mäuse, Regenwürmer und
Schmetterlinge. Der Mann in der Mitte
des Bildes leitet den Verkehr. Aber er ist
bedrückt weil es bald den 3. Weltkrieg
geben wird. Er denkt nach. Über den
Krieg über die Umweltverschmutzung
und überhaupt über alles. Er findet die Welt
nicht gut. Ich auch nicht.

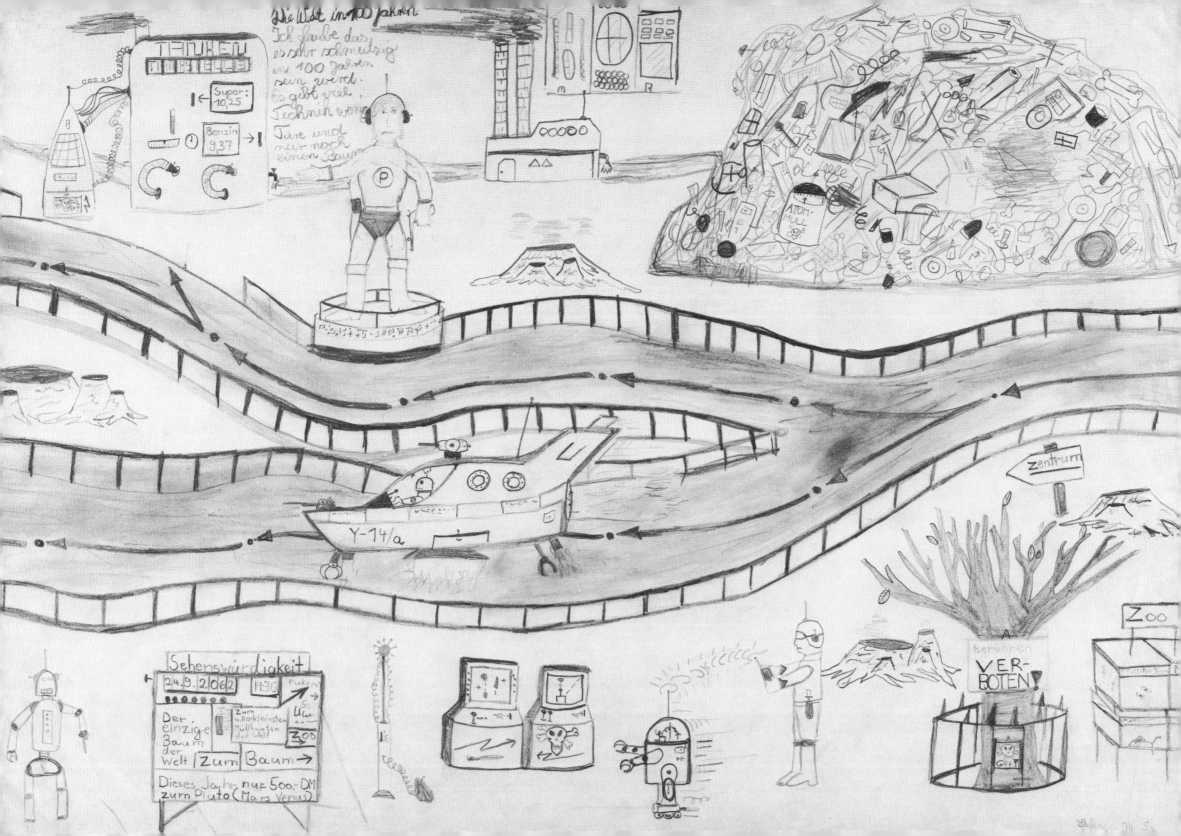

Jutta Gottschling, 12 Jahre

Jutta Gottschling 6 A

Bildbeschreibung

„Die Welt in 100 Jahren"

Die Welt in 100 Jahren wird warscheinlich furchtbar sein. Gasmasken und ähnliche Sachen werden wegen der schmutzigen Luft notwendig sein. Komische Figuren und Roboter werden auf den Straßen herumspazieren, und immer Neue werden von verschiedenen Planeten ankommen. Atomsachen werden gebraucht. Alles wird schmutzig und verdreckt sein. Unnatürlich werden die Fortschritte gedeihen....

„**D**ie Welt in 100 Jahren wird wahrscheinlich furchtbar sein. Unnatürlich werden die Fortschritte gedeihen . . ."

Andreas Oppenberg, 13 Jahre

„**D**er Tempel aus weißem Marmor wird abgerissen, weil die Menschen sich nicht mehr für das Vergangene interessieren und weil er auf gutem Baugrund steht. Der Engel wirft aus dem Füllhorn nicht Blumen, sondern Werkzeug, Gebrauchsgegenstände und Geld."

Andreas Oppenberg 7b:

Auf diesem Bild sieht man die Welt in 100 Jahren. Der Tempel aus weißem Marmor wird abgerissen, weil die Menschen sich nicht mehr für das Vergangene interessieren und weil er auf gutem Baugrund steht. Er soll um 15.00 gesprengt werden. Man sieht den Bedienungskasten vorne im Bild. Der Mann braucht nur noch einen Schritt weiter zu gehen und er tritt auf den Sprengknopf. Dann wären „bedauerlicherweise" auch die Baumaschinen kaputt.

Auf der linken Seite sieht man eine Grube, aus der Amphoren geborgen werden. Aber wie gesagt, das Vergangene läßt die Menschen kalt. Die Tonkrüge werden in einem Container transportiert und zerstampft. Dann geht es in die Schuttgrube.

Der Engel, oben im Bild, wirft aus dem Füllhorn nicht Blumen, sondern Werkzeug, Gebrauchsgegenstände und Geld.

Auf dem Vergnügungsplaneten

herrscht reges Treiben. Das erkennt man an dem Schreien und Ausrufen. Das kleine schwarze Raumschiff fliegt oft zum Planeten. Aber die Landefläche ist auf der anderen Seite. Die Sonne wird per Computer auf den Himmel konstruiert. Das Gebäude mit dem „Hufeisen" auf dem Dach, ist die Computerzentrale für die Projektion der Sonne und der Wolken.

Stefan Gries, 13 Jahre

STEPHAN GRIES 7a

Karstadt macht große Geschäfte mit Waffen. Reisebüro Tour macht mit Pauschal-reisen zum Mond große Geschäfte, weil fast alle Menschen zum Mond wollen.

Ein Labor erforscht das Anti Atom, weil es dem Atom schaden könne. Im Straßenverkehr kommen sehr viele Menschen um. Die Autos sind nur noch auf Schnellfahren programiert. Die Autofirmen entlassen andauernd Arbeiter, weil es die billigsten Roboter gibt, die auch schneller arbeiten. Die Autos und Firmen verpesten die Luft. Wegen der Überbevölkerung werden viele Menschen zwangsweise in das Militär eingezogen. Die Menschen wissen nicht, daß die Manöver ernst sind und sie dabei sterben können. Neben dem Schlachtfeld ist direkt ein Friedhof, der sich von Tag zu Tag vergrößert.

In einem Schießgeschäft kann man Schießübungen mit Schnellfeuergewehren und Wurfübungen mit Handgranaten machen. Man kann nur hoffen, daß die Welt nicht so ist, wie im Bild.

„**D**ie Autofirmen entlassen andau-ernd Arbeiter, weil es die billigsten Roboter gibt ... Wegen der Überbevölkerung werden viele Menschen zwangsweise in das Militär eingezogen."

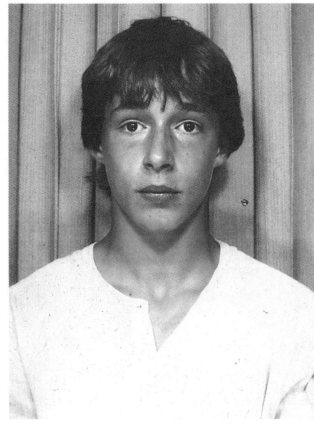

Mark Wähling, 13 Jahre

„**A**lle Leute leben in Gefahr. Ein Bagger schaufelt einen Sandhaufen weg, der einem neuen Labor im Wege steht."

Bildbeschreibung   21.1.82

Die Welt in 100 Jahren

Es wird eine Rakete gestartet, die von einem Weltraumlabor überwacht wird. Sie wird neben einem Friedhof wo eine Beerdigung im Gange ist. Ein Hubschrauber, der für die Versorgung der Leute die eine Gasmaske tragen, verantwortlich ist, wartet auf seinen Einsatz. Es gibt eine Überprüfungsanlage für das Atomkraftwerk, das aus Schornsteinen besteht, die die Luft verpesten. Alle Leute leben in Gefahr. Ein Bagger schaufelt einen Sandhaufen weg, der einem neuen Labor im Wege steht. Ein Düsenjet transportiert Einwohner in eine Gegend, die etwas sauberer ist. Die Luft ist von dem Atomkraftwerk aus vielen Gasen zusammengesetzt.

Mark Wähling

Klasse 7a

Claudia Krahe, 13 Jahre

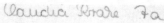

Die Welt in 100 Jahren

In meiner Zeichnung ist die Welt so dargestellt, wie ich sie mir vorstelle.

Die Stadt ist wie in Berlin mit einer großen, sehr gut gesicherten Mauer in zwei Teile geteilt. Der westliche Teil ist eine totale Fabrik- und Robotersiedlung. Dort macht man Versuche und stellt her: Raketenteile, Seetangpillen und Roboter. Alle Sachen werden unauffällig aus diesem Teil der Stadt ausgefahren. In dem anderen Teil der Stadt, dem östlichen Teil, leben die Menschen normal, abgesehen davon, daß sie vor lauter Abgasen sich nicht mehr auf die Straße trauen. Sie ahnen nichts von dem, was hinter der Mauer vorgeht. Sie können auch von niemandem etwas erfahren, weil alle Arbeiter und Direktoren Roboter sind, die praktisch dort leben und schlafen. Langsam wird aber auch der östliche Teil immer roboterrisierter. denn Roboter werden auch in die östliche Stadt gefahren. Den "normalen" Menschen hat man gesagt, im anderen Teil der Stadt werden Versuche gegen die Abgase gemacht.

Nur 2 Jungen spielen auf der Straße, sie können es in der Wohnung nicht mehr aushalten. Sonst ist alles wie ausgestorben.

Ich glaube, so ähnlich wird die Welt in 100 Jahren aussehen, ich hoffe aber, daß es sich alles noch zum Guten ändert und die Welt doch noch etwas freundlicher wird.

"Die Stadt ist wie in Berlin mit einer großen, sehr gut gesicherten Mauer in zwei Teile geteilt. Der westliche Teil ist eine totale Fabrik-und Robotersiedlung ... Die Menschen in dem anderen Teil ahnen nichts von dem, was hinter der Mauer vorgeht."

3. Der letzte Baum

„Erst wenn der letzte Baum gerodet,
der letzte Fluß vergiftet,
der letzte Fisch gefangen,
werdet Ihr feststellen, daß
man Geld nicht essen kann.“

(Häuptling Seattle in seiner Rede
an den amerikan. Präsidenten 1855)

Bildbeschreibung

6A

Die Welt in hundert Jahren

Es gibt nur noch wenig Menschen. Manche haben sich selbst getötet weil es keinen Sinn mehr hat zu leben. Es wächst kein Blatt mehr. Alles verdlucht und verseucht. Die Natur war früher so schön. Alles weg. Die Technick macht große Vortschritte. So göße das es bald kein Lüftchen mehr zu atmen gibt. Die einst so schönen Fische liegen tot und verseucht am Land, das man fast meinen könnte das sie extra aus dem See gesprungen sind da es am Land noch "einigermaßen" Sauber ist. In dem "Wald" findet man keinen gesunden Menschen. Von Tieren ganz zu schweigen. (Ein Hase ist nicht verseucht, er hat sich eine Gasmaske gekauft. Die Vögel die früher noch fröhlich sangen hätten heute eher Grund zum heulen.

Walter Gehlen, 12 Jahre

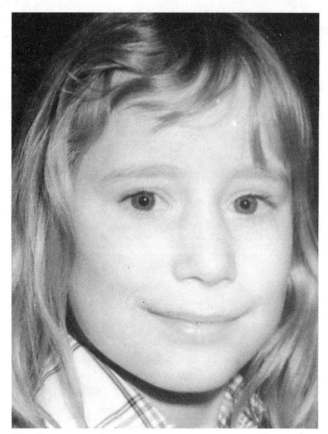

Uta Dieregsweiler, 12 Jahre

„**D**er einzige Baum verliert auch noch seine letzten Blätter . . . Die Leute müssen mit Gasmaske spazierengehen."

Unsere Welt in Hundert Jahren

Uta Dieregsweiler Kl.: 6A

Das Hochhaus auf der linken Seite habe ich gemalt weil ich meine, daß es in 100 Jahren so viele Menschen gibt, daß sie nichts mehr anderes als Hochhäuser bauen können. Die Maschinen darin ersetzen die Leute am Arbeitsplatz. Der einzige Baum verliert auch noch seine letzten Blätter. Er reißt schon den Asphalt auf. Die „alte Mühle" kann man als „Museumsstück" betrachten. Dahinter werden schon neue Hochhäuser gebaut. Auf der Straße gibt es keine Staus. Es fahren kaum noch Autos. Die Leute müssen mit Gasmaske spazieren gehen.

Aus dem Kamin kommt massenhaft Kohlschwarzer Rauch. Die Fabrik hat nur noch sehr wenig Arbeiter.

Die verseuchten Abwässer (links) werden immer noch in den Fluß geleitet.

Ute Wobschall, 13 Jahre

Meine Welt in 100 Jahren

Meine Welt in 100 Jahren ist ganz mit Häusern zugestellt. Bäume gibt es nur noch im Privatbesitz. Tiere wie Spatz, Kuh, Schaf, Elefant und Maus sind bereits ausgerottet. Fabrikschornsteine spucken Qualm in die Luft. Auch die Schornsteine der Häuser und die Auspuffe der Autos pusten Rauch in die Luft und verschmutzen sie so.

Ute Wobschall 6b

„**B**äume gibt es nur noch in Privatbesitz. Tiere wie Spatz, Kuh, Schaf, Elefant und Maus sind bereits ausgerottet."

Anne van Loh, 11 Jahre

Meine Welt in 100 Jahren

Dies ist eine Stadt voll mit Hochhäusern und Fabriken. Der Baum in der Mitte ist das einzige Lebewesen. Autos fahren auch nicht mehr, weil das Benzin zu teuer ist. Es gibt keine Menschen auf der Straße. Nur Abgase von den großen Bauten

Anne van Loh 6 B

„**D**er Baum in der Mitte ist das einzige Lebewesen. Es gibt keine Menschen auf der Straße, nur Abgase von den großen Bauten."

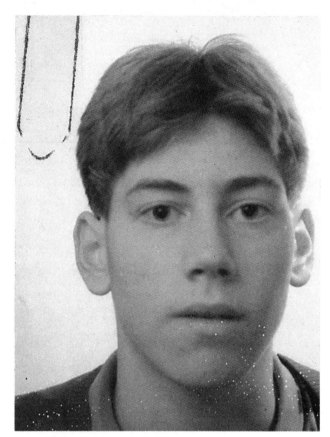

Arwed Burrichter, 13 Jahre

„Die Natur stirbt, die Luft wird verunreinigt, so daß Vögel und Tiere nicht mehr leben können. Es gibt nur noch einen Baum auf der Welt."

Die Welt in 100 Jahren

Ich stelle mir vor, daß die Welt in 100 Jahren sehr umweltfeindlich ist. Alles ist technisch vollkommen. Es gibt sehr wenige Arbeitsplätze. Die Roboter verdrängen die Menschen von ihren Arbeitsplätzen, und es wird vor den Fabriken und Kaufhäusern gestreikt. Es werden immer mehr Raketen gebaut, und alles ist Atomverseucht. Die Bomben sorgen für andauernden Krieg und Die Atomreaktoren sorgen für andauernden Krieg. Die Atomwirtschaft verseucht langsam aber sicher die Menschen. Die Folgen sind verheerend; die Natur stirbt, die Luft wird verunreinigt, sodaß Vögel und Tiere nicht mehr leben können. Die Kaufhäuser bieten nur noch Massenproduktionen an, wie Atombomben oder tödlicher Staub. Es gibt nur noch einen Baum auf der Welt, die anderen Anpflanzungen sind bereits abgestorben. So, denke ich, wird die Welt später einmal werden!!!

Hoffentlich nicht!

ARWED BURRICHTER
7a

Ute Niehues, 12 Jahre

Die Welt in 100 Jahren

In 100 Jahren wird unsere Welt nur noch grau sein. Wasser, Luft, Erde, alles ist verschmutzt. Die Menschen können fast nur noch im Haus mit gefilterter Luft leben. Tiere gibt es dann nur noch wenige. Ein Park ist als Naturschutzgebiet übriggeblieben, als Erinnerung an schönere, bessere Zeiten

Ute Niehues   6 A

„**I**n 100 Jahren wird unsere Welt nur noch grau sein. Wasser, Luft, Erde, alles ist verschmutzt."

4. Der Atomkrieg

Ihr Kinder, daß sie euch mit Krieg verschonen
Müßt ihr um Einsicht eure Eltern bitten.
Sagt laut, ihr wollt nicht in Ruinen wohnen
Und nicht das leiden, was sie selber litten:
Ihr Kinder, daß sie euch mit Krieg verschonen!

(Bertolt Brecht
An meine Landsleute)

Alexander Kort, 10 Jahre

Alexander Kort 5a Max-Planck-Gymnasium

So stelle ich mir die Welt in 100 Jahren vor

Das Bild zeigt den letzten Tag des dritten und schlimmsten Weltkrieges vor Washington. Sowjets und Amerikaner versuchen sich hier endgültig zu besiegen. Die Standardwaffe ist der Laser. Rechts oben deckt ein Nato-Bomber einen Bodenzerstörungslaser mit Granaten ein. Rechts unten ein gelandeter Kampfsatteliet. Ganz rechts oben das Festungsraumschiff des US-Präsidenten mit Geleit. Anstatt Ketten haben die meisten Panzer Hovercraftantrieb. Rechts neben dem brechenden Mond ein Magnetsatteliet, der Raumschiffe anzieht. Hinter der Stadt ist eine Flutwelle, die durch eine Explosion verursacht wurde. Ganz links versuchen zwei Roboter, sich zu besiegen. Die Dreiecke in der Luft sind Flug-satlhindernisse. In der Mitte des Bildes eine Neutronenexplosion, unten eine Wasserstoffexplosion. Ganz rechts oben eine Siedlerflotte, die m Menschen in Sicherheit bringt.

So wünsche ich mir die Welt in 100 Jahren nicht!

„Das Bild zeigt den letzten Tag des dritten und schlimmsten Weltkrieges. Sowjets und Amerikaner versuchen sich hier endgültig zu besiegen."

Volker Gladysch, 11 Jahre

New York im Jahr 2000

Mein Bild zeigt New York im Jahr 2000. Der dritte Weltkrieg ist bereits voll im Gang. Man kann am Horizont die Flugzeug-Armarda der Russen erkennen. Es herrscht totales Chaos in der Millionenstadt, denn auch King-Kong treibt sein Unwesen auf der Wall-Street. Ich habe die Vorstellung, daß es bis zum dritten Weltkrieg nicht mehr lange dauern wird. Oder?

Volker Gladysch
Klasse 6B

Max-Planck-Gymnasium

„**D**er dritte Weltkrieg ist bereits voll im Gang ... Es herrscht totales Chaos, denn auch King-Kong treibt sein Unwesen auf der Wall-Street."

Sven Schäfer, 13 Jahre

Ich stelle mir die Welt in 100 Jahren so vor, daß Krieg ist. Panzer und Raketenwagen, Neutron und Atombomben sind nichts besonderes. Es gibt sie auf Wühltischem und billig zu kaufen. Das Benzin ist sehr teuer und alle alten Häuser werden abgerissen und es werden große Gebäude gebaut. Auf den Straßen fahren neumodische Autos rum und sie verpeßten die Luft. Überall fliegen Kriegsflugzeuge rum und es starten Raketen. Das Krankenhaus schießt auf Leute weil sie keine Patienten haben und ohne sie pleite werden. Ich würde nicht gerne in dieser Welt in 100 Jahren leben.

Die Welt in 100 Jahren

„**Ü**berall fliegen Kriegsflugzeuge rum, und es starten Raketen. Das Krankenhaus schießt auf Leute, weil sie keine Patienten haben und ohne sie pleite werden."

Kl: 7A   Sven Schäfer

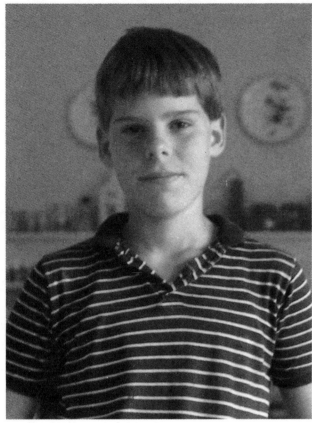

Jens Becker, 10 Jahre

„**D**ie Himmelskörper Sonne und Mond wissen nicht mehr, wann sie erscheinen müssen … Es ist ein totaler Weltkrieg. Die Sonne erlischt langsam, und der Mond platzt bald."

Jens Becker Kl. 5a

Die Welt in 100 Jahren

Die Himmelskörper Sonne und Mond wissen nicht mehr wann sie erscheinen müßen und trefen im gewissen Abstand übereiander so daß es eine Sonnenfinsternis gibt. Der Atompilz rechts ist die Ursache. Das Hochhaus ist ein Fernsehunternehmen. Die UFOS rechts oben ist eine Mordkomission. Es ist ein totaler Weltkrieg. Die Sonne erlischt langsam und der Mond platzt bald. Der Botanische garten ist der einzige auf der Welt. Rechts unten ist eine Roboterfamilie. Rechts ist auch eine Raketenabschußbasis.

Klaus-Martin Haußmann, 13 Jahre

K. M. Haußmann 7B

Die Welt in 100 Jahren

Auf diesem Bild wird beschrieben, wie die Welt im Jahre 2080 aussehen wird. Viele sowjetische Raketen schlagen in die Erde ein, die Atomkraftwerke können keine A-Bomben mehr produzieren, die Erde hat Risse, der Gottesdienst wird abgebrochen, da das Jesuskreuz umgefallen ist. Überall unter Erde sind Bunker. Die Luft ist ganz schwarz, nur ein paar Menschen leben noch. Es gibt nur noch einen Baum!!!

Schlimm wird's sein in 100 Jahren!

„**D**ie Erde hat Risse, der Gottesdienst wird abgebrochen, da das Jesuskreuz umgefallen ist. Schlimm wird's sein in 100 Jahren!"

Marcus Eichmann, 11 Jahre

Die Welt in 100 Jahren

Oben rechts habe ich die neue zivilisierte Welt gezeichnet. Die Häuser sind unterirdisch miteinander verbunden. Unten rechts habe ich einen Wald verkohlter Bäume gezeichnet.

Auf der ganzen linken Seite des Blattes ist eine zerstörte Welt abgebildet. Die Erde ist näher an die Sonne herangerückt, und es ist ziemlich heiß. Nur die neue zivilisierte Welt kann sich dagegen schützen, indem sie sich eine eigene Atmosphäre geschaffen hat, die die heißen Sonnenstrahlen abwehrt.

Marcus Eichmann
Klasse: 6b

„**D**ie Erde ist näher an die Sonne herangerückt, und es ist ziemlich heiß. Nur die neue zivilisierte Welt kann sich dagegen schützen, indem sie sich eine eigene Atmosphäre geschafft hat ..."

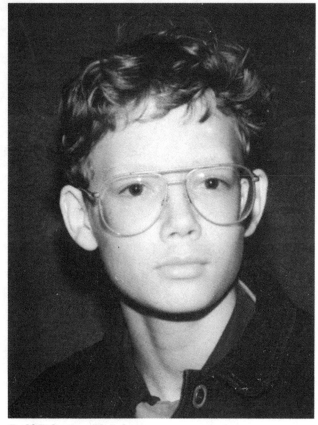

Rolf Schmitz, 13 Jahre

Bildbeschreibung

Das Bild drückt die von mir empfundene Angst vor dem Krieg aus. Am unteren rechten Bildrand hat eine Person erkannt, was ihr Existieren nützt "Nichts". Etwas weiter oben drückt ein Plakat aus, wie die Bevölkerung bis zum Ende verschaukelt werde. Atompilze verdunkeln die mit Leichen gepflasterte Erde. Flüchtlinge verlassen in Scharen die Stadt, ihrer Heimat beraubt. Ein Sanitätshubschrauber wird beschossen. Gesetze gelten nicht, jeder macht sein eigenes Gesetz. Es gibt nur eins, "Überleben". Die Sonne ist von Gasen verdunkelt. Giftschwaden töten jedes Leben. Luftkämpfe, Bombardements, alles Elemente eines nutzlosen Krieges, Folge des ewigen Aufrüsten und des Mißtrauens. Und wie immer muß die Zivilbevölkerung alles ausbaden. Mütter, Kinder, Pazifisten - Opfer der Politik

Die Kinoreklame zeigt wie im Fernsehen und Kino der Krieg verherrlicht wird. Einseitige Beeinflußung der Kinder ist die Folge. Krieg gehört zum Alltag, Krieg ist zum Bedürfnis des Menschen geworden. Ein ausgebrannter Panzer zeigt wie sinnlos die konventionelle Aufrüstung ist. Die brennenden Fahnen der Supermächte sind Symbol für die Hilflosigkeit der Bevölkerung die den Krieg der Giganten erdulden muß. Nirgends ist Schutz, kein Leben auf dieser Erde. Die Erde ist zum Symbol der Unzulänglichkeit des Menschen geworden.

"Das Bild soll nur eins ausdrücken"

ANGST und HILFLOSIGKEIT

. *Rolf Schmitz* 16

,,**A**tompilze verdunkeln die mit Leichen gepflasterte Erde. Giftschwaden töten jedes Leben ... Die Erde ist zum Symbol der Unzulänglichkeit des Menschen geworden."

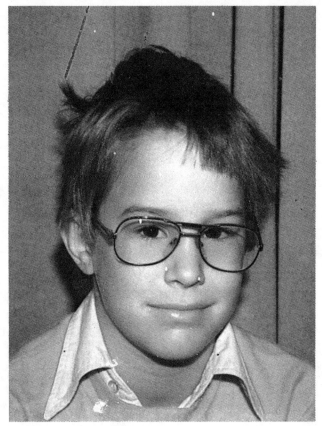

Malte Lemppenau, 12 Jahre

Die Welt in hundert Jahren

Die Menschen haben so weitergemacht wie sie es heute tun. Sie haben die Umwelt weiterbelastet und mit der Zeit überbelastet. Giftige Abgase haben die Luft verpestet, und die Menschen müssen diesen Dreck einatmen. Nur die Ratten nagen noch an Leichen der vergifteten Menschen herum. Einen Krieg haben die Menschen auch schon hinter sich, und die paar Menschen, die noch leben, sind dadurch obdachlos geworden. Doch die alles haben sie selbst verschuldet.

Malte Lemppenau 6a

„**D**ie Menschen haben so weitergemacht wie sie es heute tun ... Nur die Ratten nagen noch an den Leichen der vergifteten Menschen herum."

Jörg Eickstädt, 13 Jahre

Bildbeschreibung:

Dieses Bild soll die Welt in 100 Jahren darstellen. Ich vermute, daß sich OST-West nicht friedlich begegnen werden, sondern daß es einen atomaren Weltkrieg gibt. Dieser Weltkrieg aber wird mehr als die Hälfte der Weltbevölkerung töten, und dabei nicht länger als eine ¼ Stunde dauern. Und außerdem, da die Explosionsstärke aller Atombomben der Welt 7305 Megatonnen beträgt (1 Megatonne = 1000 t Nitroglyzerin) wird es wahrscheinlich noch schlimmer aussehen, als ich dargestellt habe.

Jörg Eickstädt

76

„**I**ch vermute, daß es einen atomaren Weltkrieg gibt. Dieser Weltkrieg aber wird mehr als die Hälfte der Weltbevölkerung töten und dabei nicht länger als ¼ Stunde dauern . . .“

5. Der große Friedhof

Die uns vorleben wollen
wie leicht das Sterben ist
Wenn sie uns vorsterben wollten
wie leicht wäre das Leben

Erich Fried

Boris Jarosch, 11 Jahre

Deutschland in hundert Jahren

Ich glaube, das es in Deutschland in hundert Jahren nur noch Ruinen giebt. Die einzigen Lebewesen sind Ratten und andere Tiere, die sich von dem vielen Müll ernähren.

Der Friedhof ist überfüllt. Die Bäume und die anderen Pflanzen sind auch im Krieg zerstört worden.

Boris Jarosch, 6 A

„**I**ch glaube, daß es in Deutschland in hundert Jahren nur noch Ruinen gibt. Die einzigen Lebewesen sind Ratten, die sich von dem vielen Müll ernähren. Der Friedhof ist überfüllt."

Markus Steinhoff, 13 Jahre

Die Welt in 100 Jahren

In 100 Jahren gibt es Überbevölkerung und nur noch riesige Hochhäuser und Friedhöfe, keine Bäume oder Tiere. Überall sind Kraftwerke, Waffenfabriken und Bunker. Doch dann gibt es den 3. Weltkrieg und Atombomben zerstören jedes Lebewesen, und mit der Zeit fängt alles an zu zerfallen.

Markus Steinhoff 7a

„**A**tombomben zerstören jedes Lebewesen, und mit der Zeit fängt alles an zu zerfallen."

Dirk Richard, 13 Jahre

Die Welt in 100 Jahren

Auf dem Bild sieht man Angermund,
daß 1982 4000 Einw. hat und 2082 400.000
Einw. hat. Alles ist übervölkert. Allein in
Angermund gibt es 4 Kraftwerke.
Der Friedhof ist überfüllt und keiner kümmert
sich darum. Das Museum zeigt viele Tiere
die es heute gibt (1982), 2082 aber ausgestorben
sind z.B. Hund, Katze, Maus, Fisch, Kuh.
Die Luft ist verpestet.

Dirk Richard

7/7

„**D**er Friedhof ist überfüllt, und keiner kümmert sich darum. Das Museum zeigt viele Tiere, die ausgestorben sind, z. B. Hund, Katze, Maus, Fisch, Kuh.“

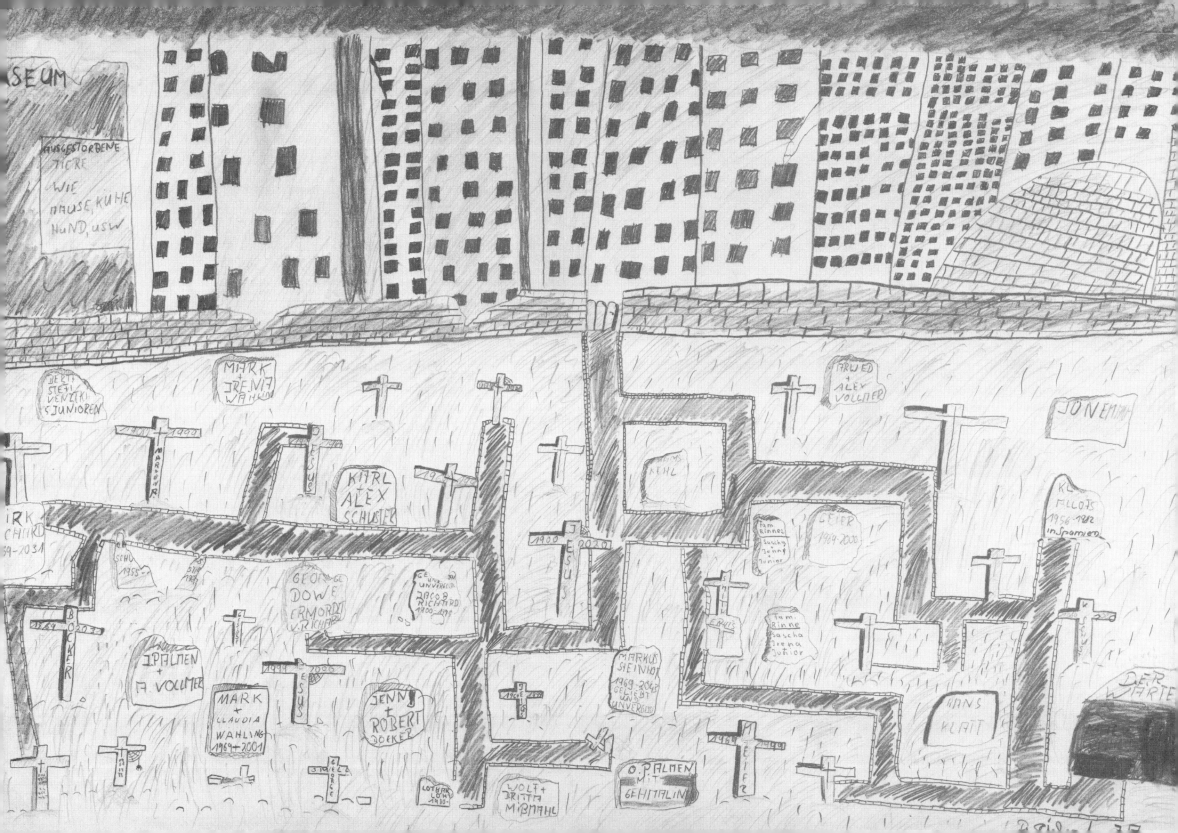

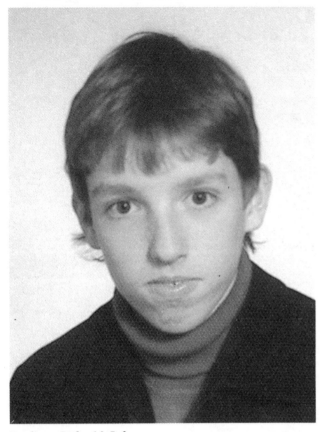

Rüdiger Puls, 13 Jahre

„**I**m Bildvordergrund kann man einen verödeten Friedhof sehen. Außerdem wagt sich kein Mensch mehr auf die Straße, weil die Luft von Industrieabgasen verunreinigt wurde."

Meine Welt in 100 Jahren.

Mein Bild soll versuchen, die Welt im Jahre 2081 darzustellen.

Der Bildhintergrund läßt eine, der Zeit entsprechende, Kleinstadt erkennen. Im Bildvordergrund kann man einen verödeten Friedhof sehen. Der nicht vorhandene Pflanzenwuchs enthüllt ein recht makabres Bild. Außerdem wagt sich kein Mensch mehr auf die Straße, weil die Luft von Industrieabgasen verunreinigt wurde.

Zur Zeichentechnik:

Ich habe mich bemüht, möglichst viele Graustufen herzustellen.

Rüdiger Puls

Klasse 6 b

Max-Planck-Gymnasium

Britta Strathmann, 13 Jahre

„**K**ein Mensch ist mehr auf den Straßen. Die einzigen Lebewesen sind riesige schwarze
Vögel, die auf die Stadt zufliegen. Sie brechen
durch Schornsteine und Häuser. Die Vögel sind
Menschenfresser."

Bildbeschreibung

Britta Strathmann
Klasse 7a

Das Bild stellt Griechenland (Kreta) da,
das sich im laufe der Jahre langsam von
links nach rechts zu einer Hochhausstadt
verändert hat und von der die rechte
Seite noch nicht ganz angegriffen ist.
Rechts an der Seite liegen Dünen,
Strand und das Meer. Links stehen
Hochhäuser und Müllhalden.
Die Stadt sieht verlassen, traurig und
kalt aus. Kein Mensch ist mehr auf
den Straßen. Die einzigen Lebewesen
sind riesige, schwarze Vögel die
aus der Luft auf die Stadt (Insel)
zu fliegen. Sie brechen durch Schornsteine und Häuser. Von den Dünen
bis zu den Atombunkern sind
Fußspuren zu sehen. Die Menschen
sind vor den Riesenvögeln ge-
flohen. Sie sind in die Bunker
geflüchtet, um sich vor den Vögel
zu schützen.

Ob die Vögel die ganze Stadt zerstören oder bald wieder wegfliegen,
weil es für sie hier keine Beute
(die Vögel sind Menschenfresser)
gibt ist noch unaufgeklärt.

Ende!

6. Flucht ins All

*Es war einmal ein arm Kind und hatt
kein Vater und keine Mutter, war alles tot, und war niemand mehr auf der
Welt. Alles tot, und es is hingangen
und hat gesucht Tag und Nacht. Und
weil auf der Erde niemand mehr war,
wollt's in Himmel gehn, und der
Mond guckt es so freundlich an; und
wie es endlich zum Mond kam, war's
ein Stück faul Holz. Und da is es zur
Sonn gangen, und wie es zur Sonn
kam, war's ein verwelkt Sonneblum.
Und wie's zu den Sternen kam, waren's kleine goldne Mücken, die waren angesteckt, wie der Neuntöter sie
auf die Schlehen steckt. Und wie's
wieder auf die Erde wollt, war die
Erde ein umgestürzter Hafen. Und es
war ganz allein.*

(Georg Büchner, Woyzeck)

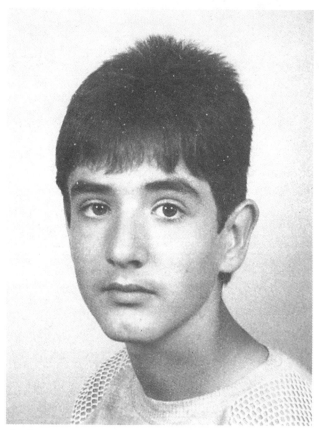

Dirk Belger, 11 Jahre

Dirk Belger 5a

So stelle ich mir die Welt in
100 Jahren vor.

Die Erde ist zerstört. Ein großer Krieg hat
New York (unten) total zerstört.
Die ganze Erde ist kaputt.
Der Saturn ist aus seiner Bahn gekommen
und prallt bald auf die Erde.
Neben dem Saturn (rechts) ist eine
Sternengruppe.
Hinter der Schutzkuppel der Stadt
(unter dem Saturn) startet das letzte
Raumschiff mit den letzten Menschen
um einen neuen bewohnbaren
Planeten zu suchen.

„**D**ie Erde ist zerstört. Hinter der
Schutzkuppel der Stadt startet das letzte Raumschiff mit den letzten Menschen, um einen neuen
bewohnbaren Planeten zu suchen."

Michael Koch, 11 Jahre

So stelle ich mir die Welt in 100 Jahren vor.

Das Gebäude in der Mitte gehört der UNO.
Es wird von Fliegern des Planeten Terra 3
Milchstraße 5, Galaxis 126 angegriffen. Es
steht unter dem Kommando von Kapitän
Klitzklikliklahos 61/7a Rickenelotruwan 125x4
Katitemanorobot Nr. 6.765.321.468. Unter dem
Unogebäude ist ein Museum das nicht
zerstört werden darf. Der Raumschiffresser kann
Raumschiffe fressen z.b. Mondhopser, Riesen-
raumer, Ufos und Robotschiffe. Der Satelit kann
alles beobachten. Wenn die Welt untergeht können
alle Menschen aus Deutschland in das Unogebäude
flüchten und zu neuen Welten fliegen.

Maßstab 1:1.000.000   Michael Koch 5b

„Wenn die Welt untergeht, können
alle Menschen aus Deutschland in das UNO-Ge-
bäude flüchten und zu neuen Welten fliegen."

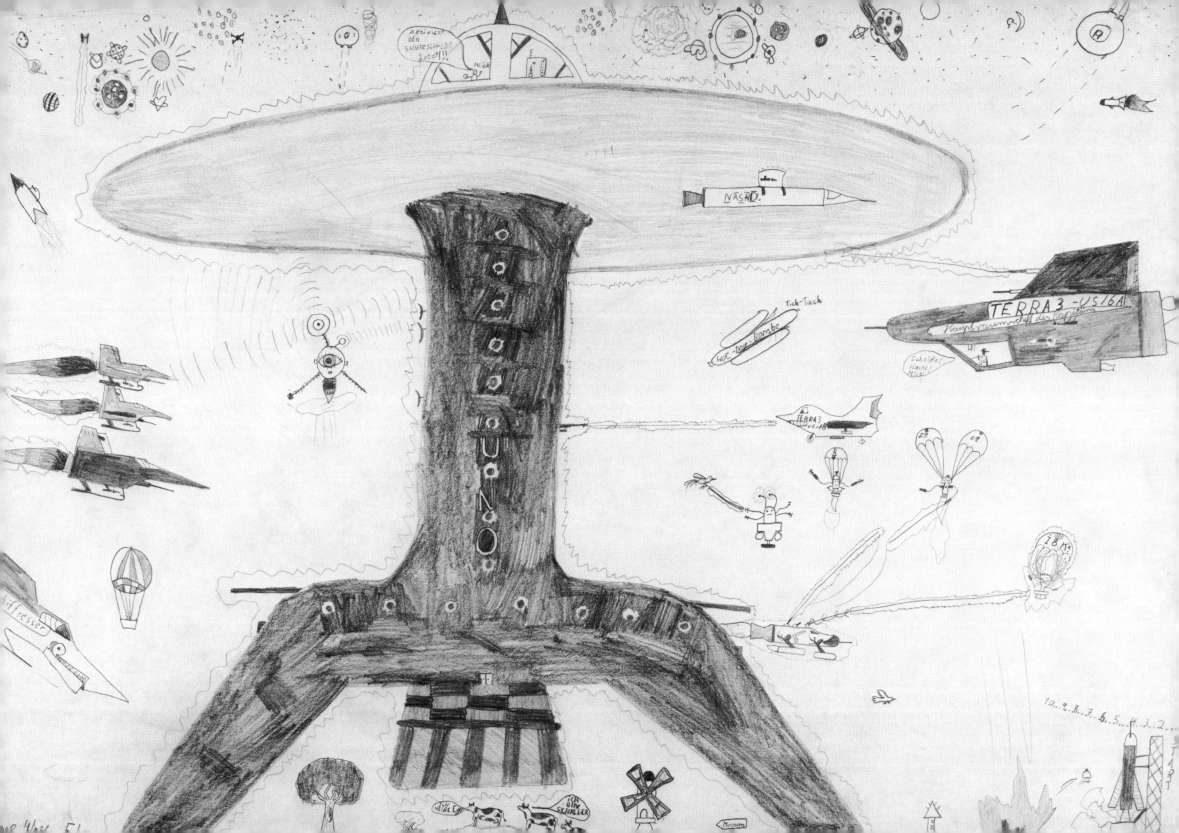

Jens Hütwohl, 13 Jahre

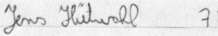

Bildbeschreibung

In der Mitte des Bildes sehen sie das erste Raumschiff von Terra, genannt Titan. Im Gegensatz zur Space Shuttle kann dieser Raumer mit Überlichtgeschwindigkeit durch das Universum fliegen und die verschiedensten Systeme erforschen. Auf diesem Bild ist die Titan bereits gelandet. Das Ziel der Forschertruppe ist auf dem Planeten Tenrol im System Wega neue Untersuchungen über die Atmosphäre, die Bodenverhältnisse und die herrschenden Temperaturen zu gewinnen. Die Landebene ist umgeben von einem zerklüfteten Gebirge. An manchen Stellen befinden sich Tropfsteinhöhlen, die auf unterirdische Wasserläufe schließen lassen müssen. Die Vegetation ist nur schwach ausgeprägt. Verkrüppelte Bäume weisen darauf hin, daß in der Vergangenheit günstigere Verhältnisse geherrscht haben müssen.

„**I**n der Mitte des Bildes sehen Sie das erste Raumschiff von Terra, genannt Titan. Im Gegensatz zur Space Shuttle kann dieser Raumer mit Überlichtgeschwindigkeit durch das Universum fliegen."

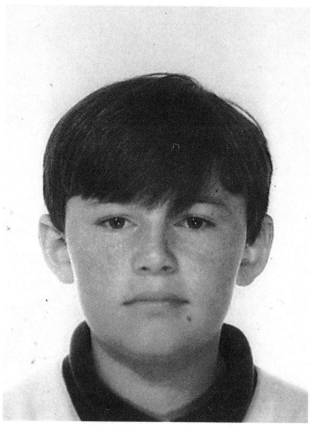

Stephan Puschwadt, 10 Jahre

Die Welt in 100 Jahren

Die Erde explodierte wegen dem 3. Weltkrieg. Die Menschen haben sich auf andere Planeten umgesiedelt. Zwischen den Planeten sind Verbindungsstraßen gelegt worden. Es gibt nur noch 5 Tiere und acht Bäume. Überall fliegen Teile von Häusern in der Gegend herum Professor Kackel Wackel hat eine Plastikerde erfunden und lebt auf ihr. Gott betet sich selber an und ihm sträuben sich die Haare.

Stephan Puschwadt 5a

„**D**ie Erde explodierte wegen dem 3. Weltkrieg. Professor Knackel-Wackel hat eine Plastikerde erfunden. Gott betet sich selber an, und ihm sträuben sich die Haare."

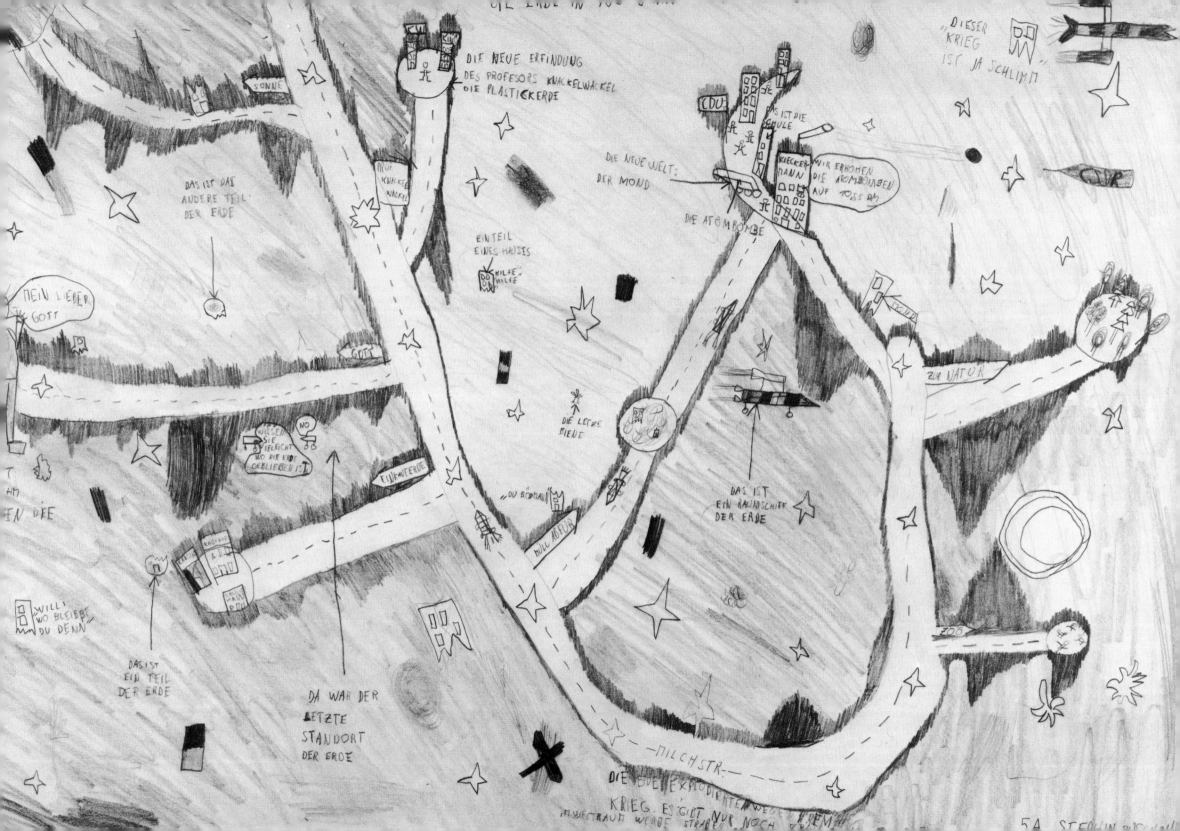

Wolfgang Wiemers, 13 Jahre

Die Welt in 100 Jahren

Wolfgang Wiemers MPG 7B

Die Erde ist durch einen atomaren Großangriff verseucht. Es ist keine menschliche Seele am Leben geblieben. Ein Raumschiff, das auf einem Probeflug war, hat den Angriff zufällig überlebt. Es schwebt mit 180 Leuten an Bord durch das All. Dieses Schiff wird nicht lange existieren können, weil es nicht genug Nahrungsmittel an bord hat. Alle werden sterben. Oft wird das Raumschiff von anderen Planeten angegriffen. Es schickt dann seine Düsenjäger los, um den Angriff abzuwehren. Einige kommen nicht zurück.

Das Ende der Menschheit ist perfekt.

„**D**ie Erde ist durch einen atomaren Großangriff verseucht. Ein Raumschiff hat den Angriff zufällig überlebt. Dieses Schiff wird nicht lange existieren können. Alle werden sterben. Das Ende der Menschheit ist perfekt."

Die Zeichnungen dieses Buches mit den zugehörigen Schülerkommentaren waren im Frühjahr 1982 in Düsseldorf in einer Ausstellung zu sehen, für die auch ein Besucherfragebogen auslag. Eine Auswahl pointierter Bemerkungen ist hier wiedergegeben. Im Anschluß daran finden Sie auf Seite 117 ein Blatt zum Heraustrennen, das für Ihre eigene Meinung vorgesehen ist – der Herausgeber wäre für eine solche Rückmeldung dankbar.

Antworten von 1982:

„Die Zukunftsperspektiven beurteile ich genauso ohnmächtig wie diese Kinder. Wenn Erwachsene die Zukunft anders deuten, liegt das wohl an einer intensiven Verdrängung, begünstigt durch Alltag, Manipulation (Politik, Kapitalinteressen) etc. Es beeindruckt mich zutiefst, daß diese jungen Schüler noch nicht so versozialisiert sind und einen nüchternen Blick für unsere heutigen Zustände haben. Ich schlage einen Pflichtbesuch für alle politisch Verantwortlichen, Eltern und Lehrer vor."
Student, 26 Jahre

„Erschreckend, wie negativ die Kinder in die Zukunft blicken, noch schrecklicher, daß die Vorstellungen der Kinder gar nicht so utopisch sind. Ich fühle in den Bildern einen großen Vorwurf gegenüber den Erwachsenen; die Bilder sind unbequem, weil sie auf unsere Fehler und unseren „Charakter" hinweisen. – Die Zukunftswünsche der Kinder finde ich sehr verständlich; ich glaube, inzwischen haben alle diese Wünsche, wissen aber nicht, wie sie von diesem fahrenden Zug abspringen können."
Krankenschwester, 37 Jahre, 1 Kind

„Man muß die Welt verändern, so daß die Kinder nicht mehr recht haben." *Lehrerin, 56 Jahre*

„Die Ausdruckskraft dieser Bilder ist mein stärkster Eindruck. Es ist höchste Zeit umzukehren, wenn man die Katastrophe vermeiden will. Die Rückkehr zur „Idylle" des Gestern kann aber nicht die alleinige Lösung der Probleme sein. Das Bewußtsein für Umweltschutz und Gewaltlosigkeit muß nicht nur bei Kindern gestärkt werden. Der Technik muß aber mit kritischem Sachverstand begegnet werden, um Auswüchse zu verhindern. Gefühlsmäßige Ablehnung allein stoppt keine Technokraten!" *Techniker, 32 Jahre, 1 Kind*

„Die Massenmedien, Eltern und Lehrer haben versagt, wenn die Kinder so ihre Zukunft sehen. Mit Methoden von vor 100 Jahren lassen sich leider die ungeheuer vielen Menschen nicht mehr ernähren. Den Kindern fehlt jeder Bezug zum Schindenmüssen unserer Großeltern. Sie müssen nicht mehr in Kohlebergwerken schuften, um nicht zu erfrieren oder schwere Landarbeit verrichten, um etwas zum Essen zu haben. – Die Gefahr der Zukunft liegt im Versagen der Politik und nicht im Versagen der Technik, denn die technischen Probleme sind im Labor nahezu alle gelöst. Die größte Gefahr ist die Vereinsamung des Gesellschaftsmitglieds und die Meinungsmanipulation von Lehrern und Massenmedien. Lehrer, Politiker, Journalisten und Eltern gehören dringend auf die Schulbank, denn sie vermitteln den Kindern diesen Blödsinn, denn diese Bilder werden nur wahr, wenn der technische Fortschritt gebremst wird und wir mit der *heutigen* Technologie weiterleben und diese gar noch ausbauen – die Technologiefeindlichkeit muß bei Lehrern und Journalisten objektiviert werden."
Diplominformatiker, 40 Jahre, 3 Kinder

„Dasselbe schreckliche Thema in auffällig gleicher Weise behandelt – offenbar doch (indirekte) Manipulation durch neue Lehrergeneration – links-„kritisch", zeitgeistverseucht." *Beamter, 40 Jahre*

„Mein stärkster Eindruck ist die Beeinflussung der Kinder durch den Lehrer. Die Eltern sollten sich dagegen wehren. Ich werde dem Lehrpersonal meines Kindes noch mehr auf die Finger schauen!"
Beamter, 1 Kind

„Diese Bilder zeigen, daß unsere Kinder sehr viel vom politischen Geschehen mitbekommen, jedoch in ihrer Meinungsbildung für unreif empfunden werden." *Studentin, 27 Jahre, 2 Kinder*

„Der Durchblick der Kinder ist eindrucksvoll – alle wichtigen Probleme sind erkannt, was den Politikern nicht gelingt. Wenn diese Kinder groß sind und noch genauso denken und entsprechend handeln, gibt es eine Hoffnung für die Zukunft."
Mutter, 34 Jahre, 2 Kinder

„Die Eltern sollten vielleicht mal ihre Lebenseinstellung überprüfen. Vielleicht ließe sich mit Einsicht noch etwas ändern. Die Menschheit muß den Fortschritt viel mehr unter moralische Kontrolle stellen." *Landwirtschaftspraktikant, 19 Jahre*

„Die Ängste der Kinder drücken das aus, was sich viele Erwachsene und auch ich denken."
Schülerin, 16 Jahre

„Mir war nach der Ausstellung schlecht! In bezug auf unsere Umwelt glaube ich auch, daß es bergab geht. Ich selbst habe jedoch keine Angst, da ich Christin bin und auch keine Angst vor dem Tod habe." *Abiturientin, 20 Jahre*

„Dunkel, Angst – aber auch Wut; Bedürfnis, etwas zu tun, z. B. Friedensbewegung." *Lehrerin, 34 Jahre*

„Die Angst herrscht, es ist gut, daß unsere Kinder sich damit befassen – sie sollen die Welt begreifen, wie sie ist ... Ich denke, daß wir nicht über unsere Zukunft entscheiden können; das wird gemacht, wir finden uns schon damit zurecht, so wie es immer war." *Hausfrau und Mutter, 28 Jahre, 1 Kind*

„Ich teile die Bedenken der Kinder, besonders die Gefährdung des Friedens durch die derzeitige Hochrüstungspolitik und die hemmungslose Ausbeutung und Verseuchung unserer Umwelt aus reinem Profitinteresse." *Beamtin, 24 Jahre*

„Ich identifiziere mich sehr mit den Ängsten der Kinder und finde es sehr gut, Kinder sich so ausdrücken zu lassen, da sie sonst nie angehört werden ... Es ist ein Zeichen, jetzt schnellstens etwas zu unternehmen, bevor eine Jugend heranwächst, für die alles zu spät ist." *Schülerin, 17 Jahre*

„Die Wünsche der Kinder sind auch meine Wünsche, ihre Sorgen und Nöte beschäftigen auch mich als Gewerkschafter. Sie bestätigen mich in meinen Bemühungen, für den Frieden einzutreten. Ich werde meine Kollegen auf diese Ausstellung aufmerksam machen." *Angestellter, 24 Jahre*

„Es handelt sich hierbei nicht um einen repräsentativen Querschnitt der Meinung ca. 14jähriger Kinder. Es sieht mehr nach Öko-Meinungsmache aus. Ich werde die Ausstellung nicht weiterempfehlen." *Keine Angaben*

„Erschreckend, wie unsere Medien, Comics usw. unsere Kinder doch beeinflussen! Die Kinder wollen im großen Ganzen doch diese Welt voller Technik und Comics! Das fängt doch schon bei den Autos an." *Mutter, 36 Jahre, 1 Kind*

„Zwischen Chaos und Zerstörung und dem Rückschritt ins 18. Jahrhundert fehlt das Normale, das Wahrscheinliche, das Machbare."
Mutter, 40 Jahre, 1 Kind

„Ich frage mich, inwieweit ausgewählt wurde auf die drei Themen Science fiction, Umweltzerstörung, heiles Landleben hin. Ich frage mich, ob diese drei Themen nicht stark den Kindern von außen aufgeprägt werden und somit eher die gängigen Sozialklischees der Eltern u. ä. (Medien!) wiedergeben, als daß sie eigenständige Phantasieentwicklungen der Schüler sind, wobei ich die angerissene Problematik weder leugnen möchte noch für übertrieben halte, aber ich weiß nicht, inwieweit die Bilder etwas zeigen, was die Kinder „genuin" (wirklich aus ihrem Erleben) betrifft. Möglicherweise handelt es sich auch um eine alters- und entwicklungsbedingte Übernahme von Fremdvorstellungen. Gerade die Frage nach dem Entwicklungsstadium (Vorpubertät?) finde ich sehr wichtig und die Übernahme von Bewußtseinsinhalten, die ganz eindeutig der Erwachsenenwelt zugehören (Technikfaszination!)" *Student, 26 Jahre*

„Mein stärkster Eindruck ist die realistische Einstellung und das Umweltbewußtsein der Kinder, die Fähigkeit, sich die Konsequenzen menschlichen Verhaltens vorzustellen. Über unsere Zukunft denke ich das gleiche wie die Kinder!"
Rentnerin, 65 Jahre, 1 Kind

„Kritischere Betrachtungsweise als bei den meisten Erwachsenen. Über unsere Zukunft denke ich das gleiche wie die Kinder, denn es ist zu unwahrscheinlich, daß die Vernunft siegt." *Fotograf, 25 Jahre*

„Das, was manche Erwachsenen nicht äußern können, machen Kinder mit Leichtigkeit durch ihre Sensibilität und ihr gutes Einfühlungsvermögen. Ich wünsche mir, auch wir hätten mehr Zeit zum Malen!" *Retuscheurin, 25 Jahre*

„Die Kinder haben die Situation treffend gezeichnet und dokumentiert. Wenn es so weitergeht, haben wir und unsere Kinder keine Zukunft, an die wir zu denken brauchen." *Kaufmann, 39 Jahre*

„Es darf so nicht weitergehen! Den Eltern und Lehrern sollten endlich die Augen aufgehen!"
Sozialversicherungsfachangestellte, 22 Jahre

„Wenn es uns allen, die wir bewußt wahrnehmen, wohin sich die Erde entwickelt, nicht gelingt, die Entwicklung zu stoppen, werden die Kinder hier recht behalten. Denjenigen, die an der Rüstung, Umweltzerstörung und Massenverblödung verdienen, gehört das Handwerk gelegt!"
Gewerkschaftssekretär, 30 Jahre, 2 Kinder

„Wenn wir nicht mehr für unseren Umweltschutz tun und schon im kleinen Kreis für Völkerverständigung sind, werden wir ständig in Angst leben und wenig Hoffnung haben ... Vielleicht regen Kinder Erwachsene zum Umdenken an."
Gehaltsbuchhalterin, 38 Jahre

„Mein stärkster Eindruck ist die überraschende und erschreckende Vertrautheit der Kinder mit Waffentypen einer total übertechnisierten Welt (aus Comics?). Dagegen wenig Bezug zu direkter Umgebung (unwichtig geworden?). Es fehlen auf den Bildern die Leute, die eingreifen und die Entwicklung aufhalten könnten oder wollten. Liegt das an den Leuten oder am Alter der Kinder, für die Technik mehr fasziniert? ... Die Zukunftswünsche der Kinder teile ich – in der oft abgebildeten Natur kommen die meisten Leute wieder zu sich, werden wieder Einzelne. Aber wie kommt man dahin zurück? Bestimmt nicht, indem man in den Ferien in die „Noch-Naturländer" wegfährt und zu Hause jede neue Straße, alle Politik duldet. ... Ich habe Angst, daß zu wenig Bewußtsein für Selbstbestimmung besteht. Noch kann jeder (!!!) sich einsetzen, die hier gezeigte Zukunftsvorstellung nicht nur aufzuhalten, sondern abzuwenden. Auf diese Bilder sollten „Erwachsene" nicht müde und kurz hinschauen und abwinken, sondern gemeinsam mit Kindern nachdenken und Aktionen anknüpfen. Sonst kann man die Bilder einrahmen und ihren Inhalt vergessen!" *Studentin, 22 Jahre*

Meine Meinung zu den Kinderzeichnungen und zu diesem Buch:

_____

_____

_____

_____

_____

_____

_____

_____

_____

_____

_____

_____

Alter: Geschlecht: Beruf: Zahl der Kinder:

Bitte hier abtrennen und einsenden an den
Richard-Fuchs-Verlag, Kaiser-Wilhelm-Ring 19, D-4000 Düsseldorf 11

II. Das wiedergefundene Paradies

Die Wölfe werden bei den Lämmern wohnen
und die Pardel bei den Böcken liegen.
Ein kleiner Knabe wird Kälber und junge Löwen
und Mastvieh miteinander treiben.
Kühe und Bären werden auf die Weide gehen,
daß ihre Jungen beieinander liegen – und
Löwen werden Stroh fressen wie Ochsen.
Und ein Säugling wird seine Lust haben am
Loch der Otter und ein Entwöhnter seine Hand
stecken in die Höhle des Basilisken.
Man wird nirgend Schaden tun noch verderben.
Da werden sie ihre Schwerter zu Pflugscharen
und ihre Spieße zu Sicheln machen.
Denn es wird kein Volk wider das andere
das Schwert aufheben und werden hinfort
nicht mehr kriegen lernen.

(Jesaja 11, 6–9; 2, 4)

I. Die Apokalypse

Sagt NEIN! Mütter sagt NEIN!
Denn, wenn ihr nicht NEIN sagt, wenn IHR nicht NEIN sagt,
Mütter dann:
dann:

Dann wird der letzte Mensch, mit zerfezten Gedärmen und
verpesteter Lunge, antwortlos und einsam unter der giftig
glühenden Sonne und unter wankenden Gestirnen umher-
irren, einsam zwischen den unübersehbaren Massengräbern
und den kalten Götzen der gigantischen betonklotzigen ver-
ödeten Städte, der letzte Mensch, dürr, wahnsinnig, lästernd,
klagend – und seine furchtbare Klage: WARUM? wird un-
gehört in der Steppe verrinnen, durch die geborstenen Ruinen
wehen, versickern im Schutt der Kirchen, gegen Hochbunker
klatschen, in Blutlachen fallen, ungehört, antwortlos, letzter
Tierschrei des letzten Tieres Mensch –
all dieses wird eintreffen, morgen, morgen vielleicht, viel-
leicht heute nacht schon, vielleicht heute nacht, wenn – –
wenn – –
      wenn ihr nicht NEIN sagt.

Wolfgang Borchert
Dann gibt es nur eins!

Angelika Menge, 11 Jahre

„**D**ie vielen Tiere sollen mir gehören.
Auf den Bänken können dann meine Mutter und
mein Vater sitzen. Ich wünsche mir die Welt so,
denn ich liebe die Natur!!!"

Wie ich mir die Welt in
100 Jahren wünsche.
Beschreibung
.

In dem Haus möchte ich
gerne wohnen. Die vielen
Tiere sollen mir gehören.
Auf den Bänken können
dann meine Mutter und
mein Vater sitzen. Meine
Schwester kann auf
den vielen Pferden reiten.
Ich wünsche mir die
Welt so, denn ich liebe
die Natur!!!

Angelika Menge 5 b

Kristina Tofaute, 11 Jahre

„*I*ch würde gerne auf dem Land leben, weil ich da mehr Spielraum hätte. Ich wünsche mir ein Landhaus mit Garten, das mit einer Wassermühle Strom angetrieben bekommt. Es müßte viele Blumenwiesen geben und Bäume."

Wie ich mir die Welt in 100 Jahren wünsche Blümlein blühen, daß Bächlein fließt, die Sonne scheint und Vögelgezwitscher das ist die „heile Welt". Aber ich meine das man heutzutage sehr oft hektisch ist, und einen bestimmten Tagesablauf hat. Z.B. morgens aufstehen, frühstücken in Hetze, arbeiten, sitzen, sitzen, sitzen ...... und die Folgen. Nachmittags schnell zum Imbiss nebenan ...... ach so spät schon .. hetz, hetz .... arbeiten. Endlich Feierabend ..... seufz ... scheiß Verkehr. Dann abends an dem Fernseher und natürlich Hitparade mit Dieter - Thomas Heck ..... Dallas (Made in American) ... schmarrn.. (langweiliges Programm). - Diese Lebensweise finde ich grauenhaft. Ich würde gerne auf dem Land leben, weil ich da mehr Spielraum hätte. Ich wünsche mir ein Landhaus mit Garten, das mit einer Wassermühle Strom angetrieben bekommt. Es müßte viele Blumenwiesen geben und Bäume. So habe ich es ja auch auf meinem Bild gemalt. Natürlich sind nicht alle Menschen so wie ich es geschrieben habe aber viele.

Kristina Tofaute 5a

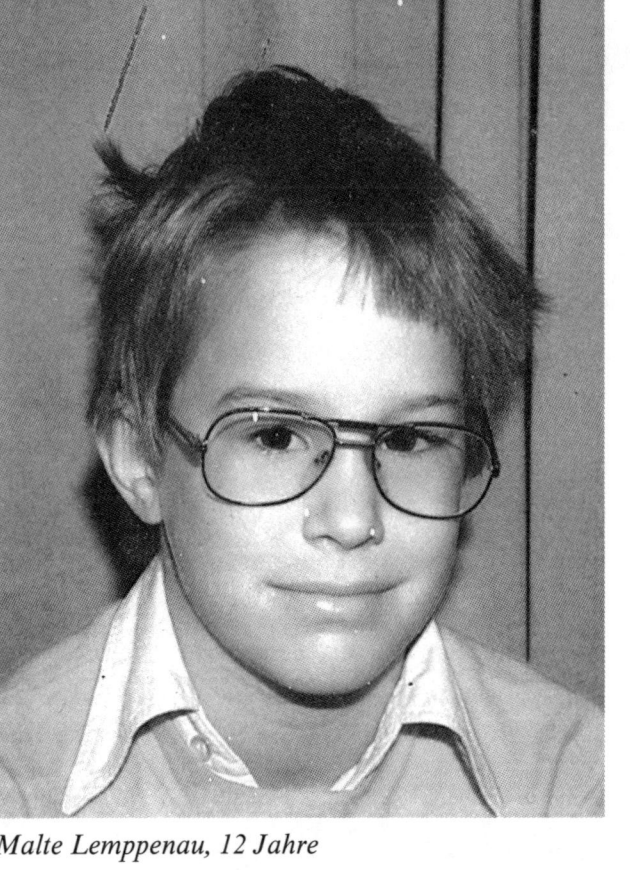

Malte Lemppenau, 12 Jahre

Die Welt in hundert Jahren
wie ich sie mir wünsche

Die Menschen sind zur Vernunft gekommen. Im Laufe der Jahre haben sie die Autos abgeschafft und mehr und mehr gelernt, ohne Fabriken zu leben. Sie können wieder mit Waffen aus Mittelalter umzugehen. Hier haben Jäger gerade mit Pfeil und Bogen einen Bären erlegt. Überall herrscht wieder üppige Natur und die Menschen sind glücklich.

Malte Lemppenau 6a

„**D**ie Menschen sind zur Vernunft gekommen. Überall herrscht wieder üppige Natur, und die Menschen sind glücklich."

Tanja Amand, 13 Jahre

„**V**on der Kultur ist nur noch der Turm
von Pisa übriggeblieben und wird von einem Bern-
hardiner bewacht. Alles ist friedlich."

Klasse 7b   Tanja Amand

Wie ich mir die Welt in 100 Jahren wünsche

Die roten und die schwarzen Ameisen
beherrschen das Universum. Die schwar=
zen sind die Klügeren, Tiere, Fische, Kraken,
Haie, Hasen, Hunde, Sägefische und
Igel halten Frieden. Von der Kultur ist
nur noch der Turm von Pisa übrig ge=
blieben, und wird von einem Bernhar=
diner bewacht. Die schwarzen Ameisen
springen Fallschirm, klettern auf Berge
und durchstreifen das Gelände. Die roten
Ameisen sind die Dummen und fallen
immer wieder beim klettern auf die
Nase (links oben).

ALLES IST FRIEDLICH !

Jasmin Foroozesch Banedj, 13 Jahre

„Keine Hektik, keine Eile. Ich wünsche mir die Welt so, weil man dann viel mehr Möglichkeiten hat, in die Natur reinzugehen, sie um sich zu haben. Nicht immer vor dem Fernseher sitzen und Heimatfilme aus der Lüneburger Heide sehen."

Bildbeschreibung Jasmin Foroozesch Banedj 7b

Die Welt wie ich sie mir wünsche.
Am Horizont sieht man eine Bergkette. Die Vögel fliegen über sie hinweg. Die Welt wird von der Sonne, die oben links ist, beschienen. Vor der Bergkette sind Laub und Tannenwäldchen. Vor ihnen sind Häuser. Diese Häuser sind nach den Häusern der Britanie nachgebaut. Sie stehen auf zwei Hügel diese Hügel sind mit Gras bewachsen. Ein Weg führt durch die Hügel. Die Menschen leben und arbeiten in diesem Bild. Der Fluß trennt auf natürlicher Weise die zwei Hälften des Bildes. Der untere Teil wird nicht von Menschen belebt. Hier sind Ruinen aus längst vergangen. Eine Ruine ist die „Kristliche Kirche" der Friedhof ist verlassen. Schon lange ist keiner mehr auf diesem Friedhof begraben worden. Wenn die Menschen sterben, dann werden sie verbrannt. Erstens ist das Humaner und zweitens wird der Mensch nicht häßlich und vermodert. Dann im Vordergrund ist noch ein Hügel. Auf dem Hügel stehen zwei Bäume und eine Trauerweide, unter dieser Trauerweide liegt ein Mensch. Er sonnt sich in der Sonne. Keine Hektik keine Eile. Ich wünsche mir die Welt so,

Ute Niehues, 12 Jahre

Die Welt in 100 Jahren wünsche ich mir so

Meine Welt soll sauber und voller Tiere sein.
Die Menschen können im Wald spazieren gehen
und die Kinder auf die Bäume klettern können.
Große Städte gibt es dann nur noch wenige.
So wie die Autos. Wir Menschen bewegen
uns mehr an der frischen Luft und halten
die Natur sauber.

Ute Niehues   6 A

„**M**eine Welt soll sauber und voller Tiere sein. Die Menschen können im Wald spazieren gehen, und die Kinder können auf die Bäume klettern."

Beate Feldmann, 13 Jahre

Bildbeschreibung

Beate Feldmann 7b

Wie ich mir die Welt wünsche:

Auf meinem Bild ist viel Wald zu sehen, zum wandern und zum reiten. Es ist nur ein kleines Dorf zu sehen mit einem Bauernhof. Hier hat keiner ein Auto!

Es ist nur eine Landstraße für die Durchfahrt zu sehen.

Ich habe auch möglichst viele verschiedene Tiere gemalt und verschiedene Landschaft. (Berge und Meer)

Der Strand ist nicht verschmutzt sondern ganz sauber und im Wasser kann man schwimmen.

Sonst ist das Dorf ganz einsam und das kleine Hotel hat kaum Gäste.

„*A*uf meinem Bild ist viel Wald zu sehen, zum Wandern und zum Reiten. Hier hat keiner ein Auto!"

135

Kirsten König, 13 Jahre

Kirsten König 7 b

Bildbeschreibung

Wie ich mir die Welt in 100 Jahren wünsche!

Der Schauplatz ist in den Bergen. Das Dorf ist so gebaut das nichts Modernes dazwischen ist. Es sind auch keine Autos zu sehen. Die Wälder sind noch dicht und sauber. Auch der See ist so sauber, daß man darin schwimmen kann.

„**D**as Dorf ist so gebaut, daß nichts Modernes dazwischen ist. Es sind auch keine Autos zu sehen."

Anja Dieregsweiler, 12 Jahre

So stelle ich mir die Welt in 100 Jahren vor:

Das Benzin wird immer knapper. Nur ein Traktor fährt noch. Die Wälder werden wieder aufgeforstet. Große Felder werden angelegt. Die großen Industriestädte sind verschwunden. Ländliches Leben kommt auf. Tiere sieht man wieder öfter. Es gibt keine großen Luftverschmutzer. Die meisten sind zur Landwirtschaft oder Viehhaltung übergegangen.

Klasse: 6a   Anja Dieregsweiler

„**D**ie Wälder werden wieder aufgeforstet. Die großen Industriestädte sind verschwunden. Ländliches Leben kommt auf."

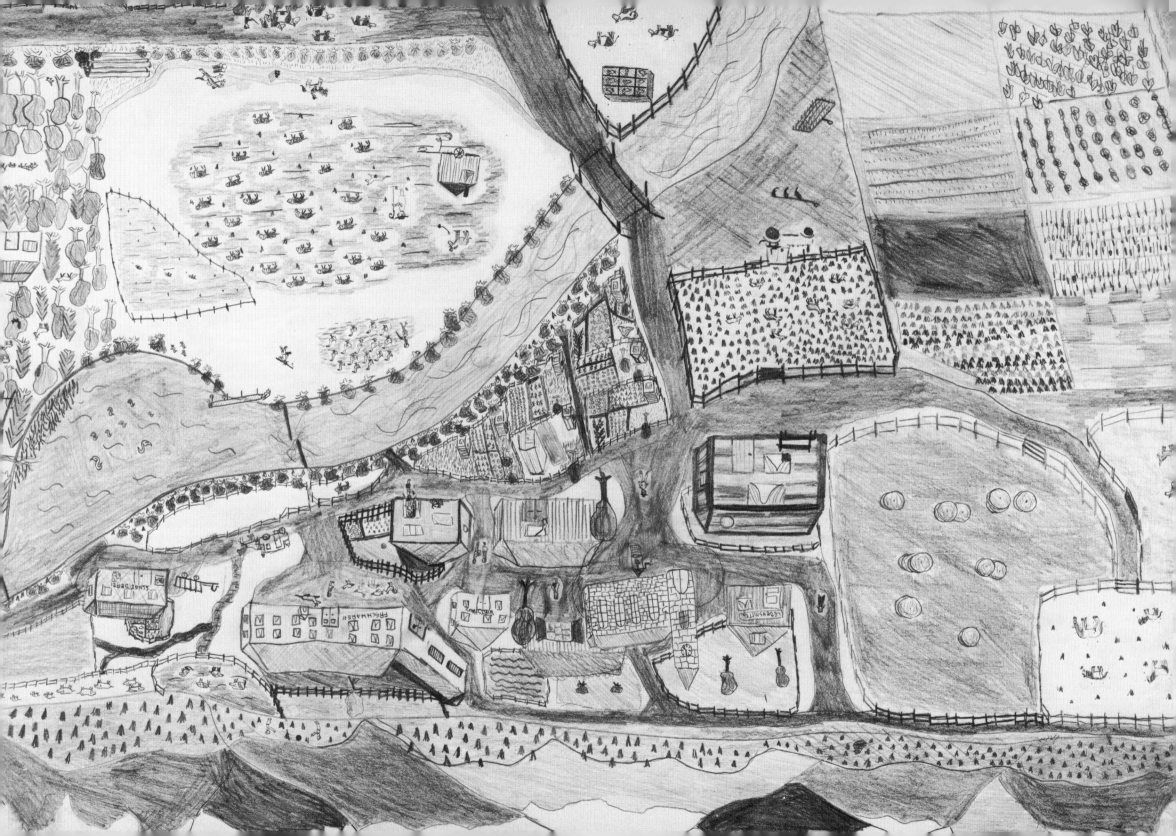

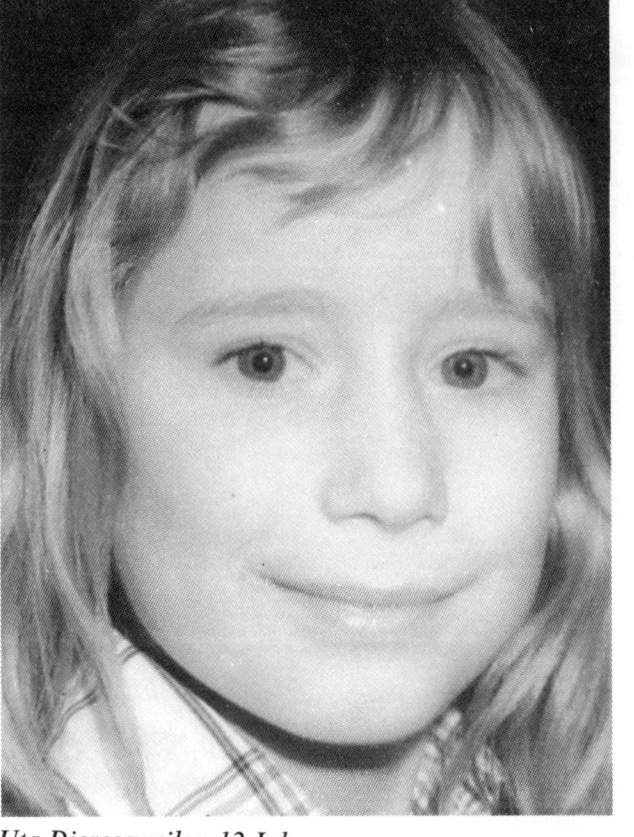

Uta Dieregsweiler, 12 Jahre

„**E**s existieren keine Industriestädte mehr. Die Tiere des Waldes kommen wieder öfter zum Vorschein. Schafe, Kühe, Pferde, Gänse, Schweine usw. werden in großen Herden gehalten. Das Gras ist grün und saftig."

Unsere Welt in 100 Jahren, wie ich sie mir wünsche

Uta Dieregsweiler Kl.:6A

Die Berge habe ich gemalt, weil es, bis jetzt wenigstens, in den Bergen immer frische, saubere Luft gibt. Es existieren keine „Industriestädte" mehr. Die Menschen verkaufen ihren Überfluß aus Garten, Feld und Tierzüchtung. Andere verdienen ihren Unterhalt mit einer handwerklichen Arbeit. Der Fluß ist wieder kristallklar. Schafe, Kühe, Pferde, Gänse, Schweine usw. werden in grossen Herden gehalten. Das Gras ist grün und saftig.

Die Tiere des Waldes kommen wieder öfter zum Vorschein. Da die Ölquellen fast versiegt sind, fahren nur noch Kutschen und Wagen.

Die Heuernte ist wieder sehr wichtig.

Die Wege bestehen aus festgetretener Erde (nicht aus Asphalt)

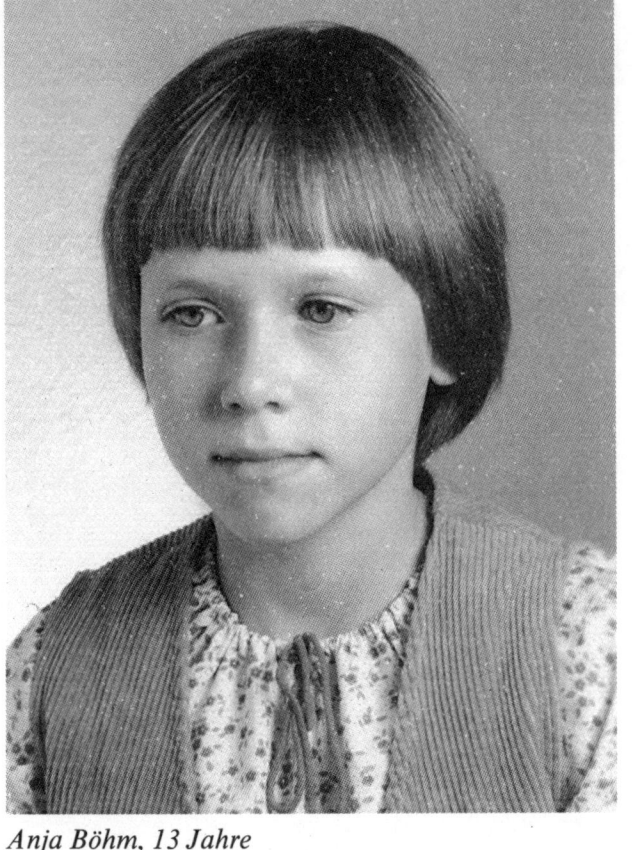

Anja Böhm, 13 Jahre

„*D*ieses Bild zeigt den Verfall der hochmodernen, steinigen, dreckigen Welt hinter einer Bergkette. Im Vordergrund liegt ein kleines Dorf in einer idyllischen Welt ohne Abgase und Massen von Menschen."

Anja Böhm Kl. 7a M-P-G

„Die Welt, wie sie in 100 Jahren hoffentlich aussieht"

Dieses Bild zeigt den Verfall der hochmodernen, steinigen, dreckigen Welt hinter der Grenze, einer Bergkette.

Die vergifteten Menschen versuchen über das Gebirge zu fliehen, schaffen es aber nicht, da die Menschheit an der Zerstörung dieser Natur selber schuld ist.

Im Vordergrund liegt ein kleines Dorf in einer idyllischen Welt ohne Abgase und Massen von Menschen.

Die Welt hinter den Bergen ist 100 Jahre vor-, die Welt vor den Bergen 100 Jahre zurückgestellt.

Stefan Steinhäuser, 11 Jahre

Wie ich mir die Welt in 100 Jahren wünsche Stefan Steinhäuser Klasse: 5a

Dieses Bild ist genau das Gegenteil zu dem Bild „Wie ich mir die Welt in 100 Jahren vorstelle". Alles was dort Technik ist, ist hier Natur z. B. unten links sieht man auf diesem Bild einen Mann der einen Hund an der Leine führt. Auf dem anderen Bild sieht man auf der selben Stelle einen Mann der einen Roboter fernsteuert.

So gefällt mir die Welt.

„**D**ieses Bild ist genau das Gegenteil zu dem Bild ‚Wie ich mir die Welt in 100 Jahren vorstelle'. Alles was dort Technik ist, ist hier Natur. So gefällt mir die Welt."

Julia Ohrmann, 11 Jahre

„Überall blühen Blumen. Statt der häßlichen Hochhäuser gibt es schöne und gemütliche Fachwerkhäuser. Die alte Frau geht zufrieden über den Hof. Die Kinder können fröhlich und ohne Gefahr vor Autos spielen. Sie werden auch nicht weggejagt. Es gibt keine Eile. Die Frau mit dem Korb in der Hand macht alles in Ruhe und beobachtet die spielenden Katzen im Gras."

Wie ich mir die Welt in hundert Jahren wünsche:

Überall blühen Blumen. Der große gesunde Baum sorgt für gute Luft. Das Wasser im Bächlein ist so rein, daß man nicht vergiftete Fische fangen kann. Statt der häßlichen Hochhäusern gibt es schöne und gemütliche Fachwerkhäuser. Die alte Frau geht zufrieden und ohne einer schlimmen Krankheit über den Hof. (wenn auch etwas gebeugt). Oben auf dem Bild sieht man einen großen Wald mit gesunden Bäumen! Das Feld daneben wird nicht künstlich gedüngt sondern mit Pferde-, Kuh- und Schweinemist versorgt. Die Pferde stehen zufrieden auf einer Weide mit saftigem Gras. Sie bekommen ihr zutrinken nicht aus einer alten kaputten Bade- wanne, sondern aus einem klaren Bach. Die Kinder können fröhlich und ohne Gefahr vor Autos spielen. Sie werden auch nicht weggejagt. Im Gegenteil. Es wird ihnen beim spielen zugeguckt. Es gibt keine Eile. Die Frau mit dem Korb in der Hand macht

alles in Ruhe und beobachtet die spielenden Katzen im Gras. Der Brunnen hat so klares Wasser, daß man damit den ganzen Haushalt führen kann. Man ekelt sich nicht vor dem großen Misthaufen, der hinter dem Haus liegt.

Julia Ohrmann
Klasse: 5a

II. Das wiedergefundene Paradies

Die Wölfe werden bei den Lämmern wohnen
und die Pardel bei den Böcken liegen.
Ein kleiner Knabe wird Kälber und junge Löwen
und Mastvieh miteinander treiben.
Kühe und Bären werden auf die Weide gehen,
daß ihre Jungen beeinander liegen – und
Löwen werden Stroh fressen wie Ochsen.
Und ein Säugling wird seine Lust haben am
Loch der Otter und ein Entwöhnter seine Hand
stecken in die Höhle des Basilisken.
Man wird nirgend Schaden tun noch verderben.
Da werden sie ihre Schwerter zu Pflugscharen
und ihre Spieße zu Sicheln machen.
Denn es wird kein Volk wider das andere
das Schwert aufheben und werden hinfort
nicht mehr kriegen lernen.

(Jesaja 11, 6–9; 2, 4)

Wie ich mir die Welt in hundert Jahren wünsche

DIE WELT IN HUNDERT JAHREN

Wie Kinder die Zukunft sehen

Ein Bilderbuch für Erwachsene
Herausgegeben von Johannes Munker
Mit einem Beitrag von Horst-Eberhard Richter

Richard Fuchs Verlag

Die Welt in hundert Jahren –
Wie Kinder die Zukunft sehen
Herausgegeben von Johannes Munker